DEUTSCHE DEMOKRATISCHE REPUBLIK
DEUTSCHE AKADEMIE
DER LANDWIRTSCHAFTSWISSENSCHAFTEN ZU BERLIN

ARCHIV FÜR GEFLÜGELZUCHT UND KLEINTIERKUNDE

Begründet als „ARCHIV FÜR GEFLÜGELKUNDE“
im Jahre 1926 von JAN GERRIETS

AKADEMIE-VERLAG · BERLIN

1966 · 15. BAND

Das Archiv für Geflügelzucht und Kleintierkunde erscheint in Heften mit einem Umfang von je 4 Druckbogen (64 Seiten). Die innerhalb eines Jahres herausgegebenen 6 Hefte bilden einen Band. Das letzte Heft eines Bandes enthält Inhalts-, Autoren- und Sachverzeichnis.

Der Bezugspreis je Heft beträgt 5,— MDN.

Die Schriftleitung nimmt nur Manuskripte an, deren Gesamtumfang 25 Schreibmaschinenseiten nicht überschreitet und die bisher noch nicht, auch nicht in anderer Form, im In- oder Ausland veröffentlicht wurden. Jeder Arbeit ist eine Zusammenfassung mit den wichtigsten Ergebnissen (nicht länger als 20 Zeilen), wenn möglich auch in russischer und englischer bzw. französischer Sprache, beizufügen. Gegebenenfalls erfolgt die Übersetzung in der Akademie.

Manuskripte sind zu senden an den Chefredakteur: Dr. JOACHIM ENGELHARD, Inst. für Geflügelzucht Rottenau der Deutschen Akademie der Landwirtschaftswissenschaften zu Berlin, 3404 Rottenau, Post Loburg.

Die Autoren erhalten Umbruchabzüge zur Korrektur mit befristeter Terminstellung. Bei Nichteinhaltung der Termine erteilt die Redaktion Imprimatur.

Für jede Arbeit werden unentgeltlich 100 Sonderdrucke geliefert. Das Honorar beträgt 40,— MDN je Druckbogen und schließt auch die Urheberrechte für das Bildmaterial ein. Dissertationen, auch gekürzte bzw. geänderte, werden nicht honoriert.

Verlag: Akademie-Verlag GmbH, 108 Berlin 8, Leipziger Straße 3—4, Fernruf: 220441. Telex-Nr. 011773. Postscheckkonto: Berlin 35021. Bestellnummer dieses Verzeichnisses: 1041/15.

Veröffentlicht unter der Lizenznummer 1277 des Presseamtes beim Vorsitzenden des Ministerrates der Deutschen Demokratischen Republik.

Gesamtherstellung: VEB Druckerei „Thomas Müntzer", 582 Bad Langensalza.

Inhaltsverzeichnis

Buchbesprechungen

Autorenverzeichnis

Sachverzeichnis

DEUTSCHE DEMOKRATISCHE REPUBLIK
DEUTSCHE AKADEMIE
DER LANDWIRTSCHAFTSWISSENSCHAFTEN ZU BERLIN

ARCHIV FÜR GEFLÜGELZUCHT UND KLEINTIERKUNDE

AKADEMIE-VERLAG · BERLIN

BAND 15 · 1966 · HEFT 1

Arch. Geflügelzucht u. Kleintierkd. · Bd. 15 · 1966 · H. 1 · S. 1—60 · Berlin

Das Archiv für Geflügelzucht und Kleintierkunde erscheint in Heften mit einem Umfang von je 4 Druckbogen (64 Seiten). Die innerhalb eines Jahres herausgegebenen 6 Hefte bilden einen Band. Das letzte Heft eines Bandes enthält Inhalts-, Autoren- und Sachregisterverzeichnis.

Der Bezugspreis je Heft beträgt 5,— MDN.

Die Schriftleitung nimmt nur Manuskripte an, deren Gesamtumfang 25 Schreibmaschinenseiten nicht überschreitet und die bisher noch nicht, auch nicht in anderer Form, im In- oder Ausland veröffentlicht wurden. Jeder Arbeit ist eine Zusammenfassung mit den wichtigsten Ergebnissen (nicht länger als 20 Zeilen), wenn möglich auch in russischer und englischer bzw. französischer Sprache, beizufügen. Gegebenenfalls erfolgt die Übersetzung in der Akademie.

Manuskripte sind zu senden an den Chefredakteur: Dr. JOACHIM ENGELHARD, Institut für Geflügelzucht Rottenau der Deutschen Akademie der Landwirtschaftswissenschaften zu Berlin, Rottenau, Post Loburg.

Die Autoren erhalten Umbruchabzüge zur Korrektur mit befristeter Terminstellung. Bei Nichteinhaltung der Termine erteilt die Redaktion Imprimatur.

Für jede Arbeit werden unentgeltlich 100 Sonderdrucke geliefert. Das Honorar beträgt 40,— MDN je Druckbogen und schließt auch die Urheberrechte für das Bildmaterial ein. Dissertationen, auch gekürzte bzw. geänderte, werden nicht honoriert.

Verlag: Akademie-Verlag GmbH, 108, Berlin 8 Leipziger Straße 3—4, Fernruf: 22 04 41. Telex-Nr. 011 773. Postscheckkonto: Berlin 350 21. Bestellnummer dieses Heftes: 1041/15/1.

Veröffentlicht unter der Lizenznummer 1277 des Presseamtes beim Vorsitzenden des Ministerrates der Deutschen Demokratischen Republik.

Gesamtherstellung: VEB Druckerei „Thomas Müntzer", 582 Bad Langensalza.

DEUTSCHE DEMOKRATISCHE REPUBLIK
DEUTSCHE AKADEMIE
DER LANDWIRTSCHAFTSWISSENSCHAFTEN ZU BERLIN

ARCHIV FÜR GEFLÜGELZUCHT UND KLEINTIERKUNDE

Begründet als „ARCHIV FÜR GEFLÜGELKUNDE“
im Jahre 1926 von JAN GERRIETS

AKADEMIE-VERLAG · BERLIN

1966 · 15. BAND · HEFT 1

Arch. Geflügelzucht und Kleintierkd. · Bd. 15 · 1966 · H. 1 · S. 1—60 · Berlin

Inhalt

Aus dem Oskar-Kellner-Institut für Tierernährung Rostock der Deutschen Akademie der Landwirtschaftswissenschaften zu Berlin

KURT NEHRING und INGELORE NERGE

Die Verdaulichkeit verschiedener Futterstoffe bei Gänsen

Eingegangen: 7. 5. 1965

Im Rahmen unserer Arbeiten, um die Kenntnis von dem Verdauungsvermögen der verschiedenen Geflügelarten zu vertiefen, wurden im Anschluß an die Untersuchungen mit Enten (NEHRING u. KNABE, 1961) entsprechende Verdauungsversuche an Gänsen durchgeführt. Systematische Untersuchungen über die Verdaulichkeit von Futterstoffen bei Gänsen liegen bisher nicht vor. Diese Versuche hatten einmal die Aufgabe, der Praxis die bisher auf diesem Gebiet der Tierernährung fehlenden Unterlagen für die Bewertung der Futterstoffe zu liefern bzw. der Mischfuttermittelindustrie Hinweise für die Zusammensetzung optimaler Mischfuttermittel für die Gänsemast zu geben. Sie sollten weiterhin dazu dienen, einen Vergleich zwischen den verschiedenen Geflügelarten bezüglich ihres Verdauungsvermögens bei den einzelnen Futterstoffen durchzuführen.

Als Versuchstiere dienten Ganter, die im Alter von ca. 9 Monaten in die eigentlichen Versuche kamen. Die Tiere brauchten längere Zeit, um sich an die Versuchsbedingungen zu gewöhnen. Eine besondere Schwierigkeit lag auch im Vergleich zu anderen Geflügelarten in dem ausgeprägten Geschmacksempfinden der Gänse, was dazu führte, daß einzelne Futterstoffe nur unzureichend aufgenommen oder überhaupt nicht gefressen wurden. Selbst bei längerer Mangelfütterung waren die Tiere nicht zu bewegen, ihnen nicht zusagendes Futter aufzunehmen. Auch das starke Verstreuen des Futters erschwerte die exakte Versuchsdurchführung.

Die Ganter wurden während der Dauer des Versuches in einzelnen Drahtkäfigen gehalten, die für diesen Zweck gesondert hergestellt worden waren. Die besonders angefertigten Futtergefäße, die ein Verschütten und ein Umherstreuen des Futters durch die Tiere einschränken sollten, und die Trinkwassergefäße fanden sich getrennt an den gegenüberliegenden Seiten der Käfige, um das häufige Ausspülen des Schnabels im Trinkwasser beim Fressen zu unterbinden. Der Kot der Tiere fiel auf einen Drahtrost, von dort auf darunter befindliche Kotbleche aus Kunststoff. Die Sammlung des Kotes erfolgte mittels eines Spatels von den Kotflächen. Die Harnausscheidungen der Tiere gelangten ebenfalls auf das Kotblech und wurden von dort durch eine im Kotblech eingegrabene Rinne in ein Becherglas geleitet.

Jeder Versuch dauerte in der Regel 14 Tage; davon dienten 6 Tage als Vorperiode zur Eingewöhnung der Tiere und 8 Tage als Hauptperiode, in der die

Sammlung der Ausscheidungen vorgenommen wurde. Die aufgefangenen Harnausscheidungen wurden in tarierten Glasflaschen, die Kotmengen in tarierten, verschließbaren Glasgefäßen gesammelt. Die Aufbewahrung der Kot- und Harnausscheidungen während der Dauer eines Versuches geschah im Kühlschrank bei 0 °C[1].

Nach Abschluß eines Versuches wurden die gesammelten Exkremente gewogen, gut vermischt und anschließend im Umlauftrockenschrank bei 60 °C getrocknet. Die getrockneten Mengen wurden zurückgewogen und für die Analyse gemahlen (Ø 1 mm). Futtermittel- und Kotproben wurden nach der üblichen Weender Futtermittelanalyse auf den Gehalt an Trockensubstanz, Rohprotein, Rohfett und Rohfaser untersucht. Die Bestimmung des Kotproteins unter Berücksichtigung der Trennung der Harnausscheidungen vom Kot erfolgte aus den gemischten Exkrementen in frischem Zustand in unmittelbarem Anschluß an den jeweils durchgeführten Versuch. Für die Bestimmung des Kotproteins wurden jeweils etwa 30 g Exkremente (frisch) verwandt und darin der Gehalt nach der Methode von STOTZ (1932) bestimmt.

Soweit es möglich war, wurden die zu prüfenden Futterstoffe den Tieren als alleiniges Futter gereicht, so daß die Ermittlung der Verdaulichkeit der Futtermittel direkt erfolgen konnte. Stieß die alleinige Verabreichung des zu prüfenden Futtermittels auf Schwierigkeiten bei der Futteraufnahme, so wurden die Untersuchungen als Differenzversuche mit einem Grundfutter, dessen Verdaulichkeit gesondert bestimmt worden war, angelegt. Die Versuche wurden in der Regel mit 3 Paralleltieren durchgeführt.

Es kamen insgesamt 42 Versuche (mit 141 Einzelversuchen) zur Durchführung, von denen infolge der vorher erwähnten Schwierigkeiten nur 31 zur Auswertung gelangten; dabei wurde die Verdaulichkeit der Rohnährstoffe für 20 verschiedene Futtermittel bestimmt.

1. Ergebnisse der Arbeit und ihre Beurteilung

1.1. Verdaulichkeit von Getreide (Korn)

Es wurde die Verdaulichkeit von Roggen, Weizen, Mais, Gerste und Hafer sowohl in Direkt- als auch in Differenzversuchen bestimmt. Die Ergebnisse sind in Tabelle 1 zur Darstellung gekommen, wobei die Eingliederung in die aufgeführte Reihenfolge nach dem unterschiedlichen Rohfasergehalt der Produkte vorgenommen wurde.

Die durchgeführten Versuche lassen z. T. eine erhebliche Streuung der Verdauungskoeffizienten, insbesondere bei den Differenzversuchen, zwischen den Paralleltieren erkennen. Das ist auch bei den folgenden Versuchen der Fall und auf die bereits erwähnten Schwierigkeiten in der quantitativen Futteraufnahme und Kotsammlung bei den Tieren zurückzuführen.

[1] Der technischen Mitarbeiterin Fräulein M. OHST sei auch an dieser Stelle für die sorgsame Durchführung der Fütterungsversuche unser bester Dank gesagt.

Tabelle 1
Verdaulichkeit von Getreide bei Gänsen

Futtermittel		(n)	Trocken-subst. %	in % der Trockensubstanz: Organ. Substanz	Roh-protein	Roh-fett	Roh-faser	NFE	Roh-asche
Roggen	Zus.*		89,62	97,20	9,32	1,45	2,31	84,12	2,80
Roggenschrot	VC-Direktversuch**	(3)		75,7	63,3	22,2	neg.	80,5	
				±0,6	±2,1	±1,6		±1,0	
	VC-Diff.-Versuch***	(3)		69,5	5,1	36,9	8,3	80,5	
				±3,4	±3,5	±8,5	±8,3	±2,7	
Weizen	Zus.		88,84	98,11	12,21	1,70	3,25	80,95	1,89
Weizenkorn	VC-Direktversuch	(4)		78,2	81,8	41,7	26,4	80,5	
				±0,5	±0,8	±3,5	±2,9	±1,4	
Weizenschrot	VC-Diff.-Versuch	(3)		73,6	82,1	33,9	41,5	74,5	
				±1,6	±2,2	±10,4	±10,7	±2,3	
Mais	Zus.		90,39	98,38	11,04	4,57	3,37	79,40	1,62
Maisschrot	VC-Diff.-Versuch	(3)		79,9	21,6	83,2	33,5	90,1	
				±0,8	±3,8	±3,7	±7,6	±0,6	
Gerste	Zus.		86,31	97,14	10,93	2,08	6,75	77,38	2,86
Gerstenschrot	VC-Direktversuch	(3)		75,1	73,1	41,7	6,0	81,8	
				±2,8	±1,0	±8,3	±2,7	±3,4	
	VC-Diff.-Versuch	(3)		80,2	86,1	75,2	49,4	82,6	
				±11,5	±7,7	±14,4	±26,1	±10,5	
Hafer	Zus.		89,99	96,94	12,97	4,62	14,18	65,17	3,06
Haferschrot	VC-Direktversuch	(3)		65,3	74,1	76,8	30,8	70,7	
				±2,1	±0,8	±3,6	±1,4	±3,1	
	VC-Diff.-Versuch	(3)		54,0	75,6	73,0	14,0	56,7	
				±5,4	±3,5	±5,2	±5,3	±6,6	

* Zus. = Rohnährstoffzusammensetzung.
** VC-Direktversuch = Verdauungskoeffizienten, im „Direktversuch" bestimmt.
*** VC-Diff.-Vers. = Verdauungskoeffizienten, im „Differenzversuch" bestimmt.

Anmerkung: Bei Angabe der Streuung handelt es sich um die Streuung des Mittelwertes. Die Berechnung erfolgte nach der Formel:

$$s\bar{x} = \sqrt{\frac{\Sigma(\bar{x} - x)^2}{n(n-1)}}$$

Ein Vergleich zwischen der Verdaulichkeit des Getreideschrotes und des Getreidekornes, wie er beim Weizen durchgeführt wurde, läßt, wenn man die auftretenden Streuungen der Mittelwerte berücksichtigt, keine Unterschiede erkennen. Der Vergleich besitzt jedoch nur geringe Aussagekraft, da einmal ein Direktversuch, zum anderen ein Differenzversuch vorliegt.

Bei Roggen, Gerste und Hafer wurde die Verdaulichkeit der Rohnährstoffe im Differenz- und im Direktversuch ermittelt, um beide Versuchsdurchführungen miteinander vergleichen und einschätzen zu können. Bei den im Direktversuch ermittelten Verdauungskoeffizienten fällt die erheblich geringere Streuung der Mittelwerte auf, so daß die durch den Direktversuch ermittelten Verdauungskoeffizienten eine größere Aussagekraft besitzen. Außerdem liegt die Tendenz vor, daß die Verdauungskoeffizienten im Direktversuch höher als im Differenzversuch ausfallen, wenn man von der Gerste absieht, bei der das umgekehrte Bild zu beobachten ist. Der Vergleich bei der Versuchsdurchführung fällt eindeutig zugunsten des Direktversuches aus, so daß diesem nach Möglichkeit der Vorzug zu geben ist.

Nach kritischer Auswertung des in Tabelle 1 dargestellten Zahlenmaterials wird man bei Getreide mit folgender Verdaulichkeit bei Gänsen rechnen können:

Tabelle 2

Verdauungskoeffizienten bei Getreide für Gänse

Getreideart	Organ. Subst.	Roh-protein	Roh-fett	Roh-faser	NFE
Roggen	75,7	63,3	22,2	neg.	80,5
Weizen	78,2	81,8	41,7	26,4	80,5
Mais	79,9	(21,6)	83,2	33,5	90,1
Gerste	75,1	73,1	41,7	6,0	81,8
Hafer	65,3	74,1	76,8	30,8	70,7

Daraus ergeben sich folgende Nährstoffwerte (Tabelle 3):

Tabelle 3

Nährstoffgehalt des Getreides für Gänse

Getreideart	in Trockensubstanz		in Frischsubstanz (88% Tr.-S.)	
	verdaul. Rohprot. %	Gesamt-nährstoff (GN)	verdaul. Rohprot. %	Gesamt-nährstoff (GN)
Roggen	5,7	73,7	5,0	64,9
Weizen	10,0	77,7	8,8	68,4
Mais	(2,4)	83,7	(2,1)	73,7
Gerste	8,2	74,1	7,2	65,2
Hafer	9,6	68,0	8,4	59,8

Tabelle 4
Verdaulichkeit von Leguminosen- und Ölsamen bei Gänsen

Futtermittel		(n)	Trocken-Substanz %	in % der Trockensubstanz					
				Organ. Substanz	Roh-protein	Roh-fett	Roh-faser	NFE	Roh-asche
Erdnüsse	Zus.		97,04	97,47	27,26	50,29	2,42	17,50	2,53
	VC-Diff.-Versuch	(3)		87,4	79,1	84,3	66,7	94,1	
				±4,8	±10,5	±2,5	±20,7	±5,9	
Sommerwicken	Zus.		89,95	94,25	30,02	1,28	6,87	56,08	5,75
	VC-Direktversuch	(3)		72,9	75,7	59,9	6,7	79,8	
				±3,4	±1,7	±6,7	±5,6	±4,2	
Sojabohnen	Zus.		92,54	95,32	40,72	18,41	6,97	29,21	4,68
	VC-Diff.-Versuch	(2)		70,7	67,0	79,9	5,2	87,0	
				±0,4	±2,1	±1,6	±5,2	±1,3	
Erbsen	Zus.		89,45	95,90	24,35	1,30	8,98	61,27	4,10
	VC-Direktversuch	(2)		87,0	87,6	77,1	54,7	91,5	
				±4,8	±1,8	±8,7	±20,0	±3,8	
	VC-Diff.-Versuch	(3)		74,6	79,3	82,5	20,8	80,6	
				±4,3	±5,9	±8,0	±19,3	±3,1	
Ackerbohnen	Zus.		91,40	95,15	28,06	0,85	10,29	55,95	4,85
	VC-Direktversuch	(3)		69,1	83,9	75,5	18,9	70,9	
				±0,7	±1,1	±1,4	±3,2	±0,6	
gelbe Süßlupinen	Zus.		89,45	96,60	44,34	4,14	21,07	27,05	3,40
	VC-Direktversuch	(3)		44,6	88,9	70,2	16,1	7,3	
				±5,1	±0,5	±2,3	±1,6	±7,3	

Obwohl der Hafer in der „Reihenfolge abnehmender Beliebtheit“ nach ENGELMANN (1957) an erster Stelle steht, weist er auf Grund seines hohen Rohfasergehaltes die niedrigste Verdaulichkeit für die organische Substanz und die N-freien Extraktstoffe auf, so daß er mit einem Gesamtnährstoffgehalt von 60 an letzter Stelle innerhalb der Getreidegruppe steht. Mais und Weizen zeigen gemäß ihrer günstigen Rohnährstoffzusammensetzung den höchsten Nährstoffgehalt und sollten deshalb bevorzugt in der Getreideschnellmast der Gänse Verwendung finden. Die beim Mais erhaltenen niedrigen Verdauungskoeffizienten für das Rohprotein dürfen nicht als real anzusehen sein, trotz des niedrigen Rohfasergehaltes von nur 2,3% i. d. Tr.Subst. Beim Roggen erreicht die Verdaulichkeit der organischen Substanz nur Werte von 74%, die auf der gleichen Höhe liegen wie die entsprechenden Werte bei der Gerste, die immerhin einen Rohfasergehalt von 6,8% i. d. Tr.Subst. aufweist.

1.2. Verdaulichkeit von Leguminosen- und Ölsamen

Die Ergebnisse der durchgeführten Verdaulichkeitsversuche mit Leguminosen- und Ölsamen wurden in Tabelle 4 dargestellt.

Tabelle 5
Verdauungskoeffizienten bei Leguminosen- und Ölsamen für Gänse

Futtermittel	Organ. Subst.	Roh-protein	Roh-fett	Roh-faser	NFE
Erdnüsse	87,4	79,1	84,3	66,7	94,1
Sommerwicken	72,9	75,7	59,9	6,7	79,8
Sojabohnen	70,7	67,0	79,9	5,2	87,0
Erbsen	74,6	79,3	82,5	20,8	80,6
Ackerbohnen	69,1	83,9	75,5	18,9	70,9
gelbe Süßlupinen	44,6	88,9	70,2	16,1	7,3

Tabelle 6
Nährstoffgehalt der Leguminosen- und Ölsamen für Gänse

Futtermittel	in Trockensubstanz		in Frischsubstanz (88% Tr.-S.)	
	verdaul. Rohprot. %	Gesamt-nährstoff (GN)	verdaul. Rohprotein %	Gesamt-nährstoff (GN)
Erdnüsse	21,6	137,2	19,0	120,7
Sommerwicken	23,2	74,7	20,4	65,7
Sojabohnen	27,3	86,9	24,0	76,5
Erbsen	19,8	74,4	17,4	65,5
Ackerbohnen	23,6	66,5	20,8	58,5
gelbe Süßlupinen	39,5	50,3	34,8	44,3

Ausgehend von diesen Werten wurden in Tabelle 5 die Verdauungskoeffizienten und in Tabelle 6 der Nährstoffgehalt der Leguminosen- und Ölsamen, wie er sich aus den angeführten Werten errechnet, angeführt.

Während die Verdaulichkeit der organischen Substanz der Leguminosensamen im allgemeinen über 70 liegt, erreicht sie bei den gelben Süßlupinen nur einen Wert von 45. Es ist anzunehmen, daß dieser niedrige Wert durch den hohen Rohfasergehalt von 21% bedingt ist, zumal auch bei den Enten und Hühnern die gleiche niedrige Verdaulichkeit festgestellt wurde.

Bei allen angeführten Leguminosensamen, die einen hohen Gehalt an Rohprotein aufweisen, fällt die hohe Rohproteinverdaulichkeit auf, die bei den Süßlupinen mit 89% den höchsten Wert erreicht. Lediglich bei den Sojabohnen, die den höchsten Rohproteingehalt in dieser Gruppe von Futterstoffen aufweisen, erreicht der Verdauungskoeffizient für das Rohprotein nur 67. Demzufolge ist der Gehalt an verdaulichem Rohprotein bei unterschiedlichem Gehalt an Gesamtnährstoff hoch.

Es waren in dieser Gruppe noch Versuche mit Winterwicken und Leinsamen vorgesehen. Beide Versuche mußten jedoch abgebrochen werden, da die Tiere die Aufnahme dieser Futterstoffe verweigerten.

1.3. Verdaulichkeit verschiedener Eiweißfutterstoffe

Als Eiweißfutterstoffe pflanzlicher Natur wurden Maiskleber und walzen- bzw. sprühgetrocknetes Kartoffeleiweiß geprüft. Die Versuche mit Kartoffeleiweiß scheiterten infolge Verweigerung der Futteraufnahme durch die Tiere.

Als Eiweißfutterstoffe tierischen Ursprungs konnten Fischmehl und Magermilchpulver auf ihre Verdaulichkeit untersucht werden.

In Tabelle 7 wurde eine Übersicht über die erhaltenen Verdauungskoeffizienten und über den Gehalt an Nährstoffen gegeben:

Die Verdaulichkeit des pflanzlichen Eiweißfuttermittels, des Maisklebers, liegt bei diesen Versuchen wesentlich höher als die der tierischen Eiweißfuttermittel. Übreraschend ist die geringe Verdaulichkeit des Magermilchpulvers, die nur einen Wert von 60% für die organische Substanz erreicht. Das Rohprotein als wertvollster Bestandteil dieser Futterstoffe zeigte sich jedoch mit Werten von 90% bei allen Futtermitteln als gleichfalls hoch verdaulich.

1.4. Verdaulichkeit von Extraktionsschroten, Wurzel- und Knollen-Trockenprodukten

Des weiteren wurden verschiedene Extraktionsschrote untersucht. Es handelt sich um Sojabohnen-, Erdnuß-, Leinsamen- und Rapsextraktionsschrot. Von diesen angeführten Extraktionsschroten konnten jedoch nur die Versuche zur Prüfung des Sojabohnenextraktionsschrotes erfolgreich durchgeführt werden, da bei allen übrigen Extraktionsschroten die Versuche infolge mangelnder Futteraufnahme durch die Tiere abgebrochen werden mußten.

Tabelle 7

Verdauungskoeffizienten und Nährstoffgehalt von Eiweißfutterstoffen bei Gänsen

Futtermittel		(n)	Trockensubst. %	in % der Trockensubstanz						Verdaul. GN Rohpr. % (in Tr.-S.)		Verdaul. GN Rohpr. % (bei 88% Tr.-S.)	
				Organ. Subst.	Rohprotein	Rohfett	Rohfaser	NFE	Rohasche				
Fischmehl	Zus.		91,46	77,51	58,44	14,46	—	4,61	22,49				
	VC-Diff.-Vers.	(3)		75,8	87,2	83,2	—	neg.		51,0	78,7	44,9	69,2
				±1,7	±2,5	±3,2							
Magermilchpulver	Zus.		93,85	91,59	35,66	0,19	—	55,74	8,41				
	VC-Diff.-Vers.	(3)		58,3	94,8	33,3	—	36,2		33,8	54,1	29,7	47,6
				±3,9	±1,1	±33,3		±7,0					
Maiskleber	Zus.		92,20	95,22	40,19	2,85	0,79	51,39	4,78				
	VC-Diff.-Vers.	(3)		89,3	90,1	77,8	(66,7)	88,1		36,2	87,1	31,9	76,6
				±0,8	±3,6	±8,1	±33,3	±3,3					

Tabelle 8

Verdaulichkeit von Extraktionsschroten bei Gänsen

Futtermittel		(n)	Trockensubst. %	in % der Trockensubstanz						Verdaul. GN Rohpr. % (in Tr.-S.)		Verdaul. GN Rohpr. % (bei 88% Tr.-S.)	
				Organ. Subst.	Rohprotein	Rohfett	Rohfaser	NFE	Rohasche				
Sojabohnenextraktionsschrot, unbehandelt	Zus.		91,09	94,10	50,38	1,25	5,73	34,74	5,90				
	VC-Diff.-Vers.	(3)		61,6	84,2	61,9	2,2	30,0		42,4	55,3	37,3	48,7
				±5,1	±3,4	±31,2	±2,2	±16,0					
Sojabohnenextraktionsschrot, dampferhitzt	Zus.		91,89	93,94	52,55	1,58	6,07	33,74	6,06				
	VC-Diff.-Vers.	(3)		58,1	90,0	59,3	neg.	26,7		47,3	58,5	41,6	51,5
				±2,0	±0,7	±7,4		±3,9					

Beim Sojabohnenextraktionsschrot wurde einmal die Verdaulichkeit des normalen, unbehandelten Schrotes, zum anderen die des dampferhitzten Schrotes festgestellt. (Die Erhitzung des Sojabohnenextraktionsschrotes erfolgte in einem Autoklaven bei einer Temperatur von 130 °C, einem Druck von 1½ Atü über eine Zeit von etwa 1 Std.) In Tabelle 8 wurden die Zusammensetzung der beiden Produkte, die erhaltenen Verdauungskoeffizienten und der Nährstoffgehalt, aufgeführt.

Unterschiede zwischen unbehandeltem und erhitztem Sojabohnenextraktionsschrot hinsichtlich der Verdaulichkeit lassen sich nicht feststellen, da die aufgetretenen Unterschiede innerhalb der Fehlergrenze liegen. Das Sojabohnenextraktionsschrot weist nur eine mittlere Verdaulichkeit von 60% für die organische Substanz auf; das Rohprotein ist allerdings mit Werten über 80% als hochverdaulich anzusehen.

An Trockenprodukten der Wurzel- und Knollenfrüchte wurden Kartoffelflocken, vollwertige Zuckerrübenschnitzel und Trockenschnitzel untersucht. Die erhaltenen Ergebnisse wurden in Tabelle 9 zur Darstellung gebracht.

Zu den nährstoffreichsten Futtermitteln müssen die Kartoffelflocken gezählt werden, bei denen Verdauungskoeffizienten von 90 für die organische Substanz und die N-freien Extraktstoffe erzielt

Tabelle 9

Verdaulichkeit von Wurzel- und Knollen-Trockenprodukten bei Gänsen

Futtermittel		(n)	Trockensubst. %	in % der Trockensubstanz: Organ. Subst.	Rohprotein	Rohfett	Rohfaser	NFE	Rohasche	Verdaul. GN Rohpr. % (in Tr.-S.)		Verdaul. GN Rohpr. % (bei 88% Tr.-S.)	
Kartoffelflocken	Zus.		92,23	95,05	9,35	0,46	1,11	84,13	4,95				
	VC-Diff.-Vers.	(3)		89,9	87,6	50,0	0	92,7		8,3	86,8	7,3	76,4
				±2,9	±2,1	±14,4		±3,4					
Zuckerrübenschnitzel, vollwertig	Zus.		94,42	96,89	5,61	0,33	4,29	86,66	3,11				
	VC-Diff.-Vers.	(3)		75,5	47,8	88,9	0	82,5		2,7	74,8	2,4	65,8
				±3,2	±7,0	±11,1		±2,9					
Trockenschnitzel	Zus.		92,40	96,01	8,35	0,42	19,99	67,25	3,99				
	VC-Diff.-Vers.	(6)		56,6	33,6	16,7	14,2	75,0		2,8	56,3	2,5	49,5
				±5,4	±7,7	±16,7	±7,3	±5,6					

wurden. Das hochwertige Kartoffeleiweiß wurde zu 88% verdaut. Auch die Zuckerrübenschnitzel zeigen noch günstige Werte für die Verdaulichkeit, während die zurückbleibende Verdaulichkeit der Trockenschnitzel auf den hohen Rohfasergehalt von nahezu 20% zurückzuführen sein dürfte.

Abschließend soll in Tabelle 10 der Nährstoffgehalt der verschiedenen in den Verdauungsversuchen geprüften Futtermittel zusammenfassend wiedergegeben werden.

Tabelle 10

Nährstoffgehalt verschiedener Futtermittel für Gänse

Futtermittel	Organ. Subst. VC	Rohprotein VC	verdaul. GN Rohprotein % (bei 88% Tr.-S.)	
I. Getreide (Korn)				
1. Mais	79,9	(21,6)	(2,1)	73,7
2. Weizen	78,2	81,8	8,8	68,4
3. Gerste	75,1	73,1	7,2	65,2
4. Roggen	75,7	63,3	5,0	64,9
5. Hafer	65,3	74,1	8,4	59,8
II. Leguminosen- und Ölsamen				
6. Erdnüsse	87,4	79,1	19,0	120,7
7. Sojabohnen	70,7	67,0	24,0	76,5
8. Sommerwicken	72,9	75,7	20,4	65,7
9. Erbsen	74,6	79,3	17,4	65,5
10. Ackerbohnen	69,1	83,9	20,8	58,5
11. gelbe Süßlupine	44,6	88,9	34,8	44,3
III. Eiweißfuttermittel				
12. Maiskleber	89,3	90,1	31,9	76,6
13. Fischmehl	75,8	87,2	44,9	69,3
14. Magermilchpulver	58,3	94,8	29,7	47,6
IV. Extraktionsschrote				
15. Sojabohnenextraktionsschrot	61,6	84,2	37,3	48,7
V. Knollen- und Wurzelfrüchte-Trockenprodukte				
16. Kartoffelflocken	89,9	87,6	7,3	76,4
17. Zuckerschnitzel	75,5	47,8	2,4	65,8
18. Trockenschnitzel	56,5	33,6	2,5	49,5

Zu den nährstoffreichsten Futtermitteln zählen Erdnüsse, Maiskleber, Sojabohnen, Kartoffelflocken und Mais. Einen geringeren Nährstoffgehalt weisen Trockenschnitzel, Sojabohnenextraktionsschrot, Magermilchpulver und gelbe Süßlupinen auf. Ein erhöhter Rohfasergehalt wirkt sich stark aus, worauf noch näher eingegangen wird.

Zu den eiweißreichen Futtermitteln sind Fischmehl, Sojabohnenextraktionsschrot, gelbe Süßlupinen, Maiskleber, Magermilchpulver, Sojabohnen und Ackerbohnen zu rechnen, während Zuckerschnitzel und Trockenschnitzel als reine Kohlenhydratfuttermittel anzusehen sind.

2. Auswertung der Ergebnisse

Von besonderem Interesse erscheint ein Vergleich der angeführten Werte für Gänse mit denen an Enten (Nehring u. Knabe, 1961) bzw. den anderen Geflügelarten erhaltenen Werten. Das Material ist in der folgenden Tabelle 11 zusammengestellt.

Betrachtet man die angegebenen Werte, so läßt sich im allgemeinen eine befriedigende Übereinstimmung in den Ergebnissen zwischen den verschiedenen Geflügelarten erkennen. Die Rangordnung ist praktisch überall die gleiche; nur die Tauben zeichnen sich augenscheinlich durch eine etwas stärkere Abhängigkeit des Verdauungsvermögens vom Rohfasergehalt aus. Während zwischen Gans, Ente und Huhn im allgemeinen nur kleinere und ungerichtete Differenzen vorhanden sind, liegt die Verdaulichkeit bei Futterstoffen mit höheren Gehalten an Rohfaser bei den Gänsen zum Teil nicht unerheblich niedriger als bei den anderen Geflügelarten.

Günstig liegt ganz allgemein die Verdaulichkeit bei den Getreidearten und insbesondere bei der Kartoffel, wobei sich allerdings eine deutliche Abhängigkeit vom Rohfasergehalt ergibt. Die Verdauungsdepressionen, die bei den eiweißreicheren Futterstoffen bei den Enten festgestellt worden waren, ließen sich bei den Gänsen nicht nachweisen, wenn auch gerade bei den Hülsenfrüchten etwas größere Differenzen auftreten, für die sich eine direkte Erklärung nicht finden läßt. Auffallend ist die sehr niedrige Verdaulichkeit der Süßlupinen bei allen Geflügelarten, wobei die hohe Verdaulichkeit des Rohproteins mit Werten von über 85% erhalten bleibt, während sich Rohfaser und vor allem auch die N-freien Extraktstoffe als geringverdaulich erwiesen[2]. Hier ist augenscheinlich ein starker Einfluß des Rohfasergehaltes vorhanden. Bei den Enten (Nehring u. Knabe, 1961) hatten sich bei den Palmkernrückständen mit ihrem hohen Rohfasergehalt gleichfalls sehr niedrige Verdauungskoeffizienten ergeben. Auch das Sojaextraktionsschrot hat sich bei den verschiedenen Geflügelarten (selbst wenn man die niedrigen Werte bei den Enten ausschaltet) im Vergleich zu den Wiederkäuern und Schweinen als gering verdaulich erwiesen.

Bereits bei den Entenversuchen hatte sich die Feststellung ergeben, daß der Rohfasergehalt einen erheblichen Einfluß auf die Verdaulichkeit ausübt, der wesentlich stärker ist als der bei Schweinen beobachtete. Demgemäß wurde auch bei diesen Untersuchungen dem Einfluß des Rohfasergehaltes nachgegangen. In der folgenden Tabelle 12 ist eine Zusammenstellung der Verdaulichkeitswerte in Zusammenhang mit den Rohfaserwerten gegeben worden, wobei zum Vergleich auch die Verdauungskoeffizienten für Schweine angegeben sind.

[2] Vgl. hierzu die Ausführungen auf S. 16.

Tabelle 11
Vergleich der Verdauungskoeffizienten bei verschiedenen Geflügelarten

Futterstoff	Tierart	Rohfaser % Tr.-S.	Verdauungskoeffizienten					Autor
			Organ. Subst.	Rohprotein	Rohfett	Rohfaser	NFE	
I. Getreide und Kartoffeln								
Mais	Gans	3,4	80	(22)	83	34	90	eigene Untersuchungen
	Ente		81	79	85	21	84	Nehring u. Knabe (1961)
	Huhn		79	81	88	0	84	Mangold u. Stotz (1935)
	Taube		85	89	82	0	86	Mangold u. Hock (1938)
Weizen	Gans	3,3	78	82	42	26	81	eigene Untersuchungen
	Ente		81	82	85	0	83	Nehring u. Knabe (1961)
	Huhn		79	79	54	4	82	Mangold u. Stotz (1935)
	Taube		78	85	64	9	79	Mangold u. Hock (1938)
Roggen	Gans	2,3	76	63	22	neg.	81	eigene Untersuchungen
	Huhn		78	70	31	5	82	Peters (1933)
Gerste	Gans	6,8	75	73	42	6	82	eigene Untersuchungen
	Ente		73	79	65	9	77	Nehring u. Knabe (1961)
	Huhn		76	71	54	11	81	Stotz u. Brüggemann (1933)
	Taube		64	82	65	—	69	Mangold u. Hock (1938)
Hafer	Gans	14,2	65	74	77	31	71	eigene Untersuchungen
	Ente		62	70	65	0	70	Nehring u. Knabe (1961)
	Huhn		62	72	68	15	67	Hock (1938)
	Taube		62	80	91	13	65	Mangold u. Hock (1938)
Kartoffeln	Gans	1,1	90	88	50	0	93	eigene Untersuchungen
	Ente		87	79	100	18	90	Nehring u. Knabe (1961)

				II. Hülsenfrüchte (Korn)					
Erbsen	Gans	9,0	75	79	83	21	81	eigene Untersuchungen	
	Ente		55/62	77/87	28/90	0/8	49/58	Nehring u. Knabe	(1961)
	Huhn		—	80	83	5	85	Fangauf u. a.	(1960)
	Taube		78	95	91	0	77	Mangold u. Hock	(1938)
Ackerbohnen	Gans	10,3	69	84	76	19	71	eigene Untersuchungen	
	Ente		78	83	78	8	78	Nehring u. Knabe	(1961)
	Huhn		(82)	80	30	—	91	Fangauf u. a.	(1960)
	Taube		70	90	90	0	70	Mangold u. Hock	(1938)
So.-Wicken	Gans	6,9	73	76	60	7	80	eigene Untersuchungen	
	Taube		67	94	83	—	68	Mangold u. Hock	(1938)
Sojabohnen	Gans	7,0	71	67	80	5	87	eigene Untersuchungen	
	Huhn		(79)	83	82	1	80	Fangauf u. a.	(1960)
Süßlupinen, gelbe	Gans	21,1	45	89	70	16	7	eigene Untersuchungen	
	Ente		47	88	88	12	0	Nehring u. Knabe	(1961)
	Huhn		46	89	80	2	5	Mangold u. Stotz	(1935)
	Taube		26	93	84	4	neg.	Hock	(1938)
				III. Eiweißfutterstoffe					
Sojaextraktionsschrot	Gans	5,7	62	84	62	2	30	eigene Untersuchungen	
	Ente		36	85	79	0	0	Nehring u. Knabe	(1961)
	Huhn		67	85	92	2	41	Suzuki	(1932)
Fischmehl	Gans		76	87	83	—	0	eigene Untersuchungen	
	Ente		91	90	94	—	0	Nehring u. Knabe	(1961)

Tabelle 12
Übersicht über den Gehalt an Rohfaser und Lignin und die Verdauungskoeffizienten der organischen Substanz bei Gans und Schwein

Futterstoff	Rohfaser % in Tr.-S.	Lignin % in Tr.-S.	Verd. Koeff. (Org. S.) Gänse	Verd. Koeff. (Org. S.) Schweine
Kartoffelflocken	1,1	1,9	89,9	95
Maiskleber	0,8		89,3	91
Erdnüsse	2,4	3,5	87,4	
Mais	3,4	1,8	79,9	89
Weizen	3,3	2,2	78,2	91
Roggen	2,3	2,95	75,7	90
Zuckerschnitzel	4,3	2,1	75,5	90
Gerste	6,8	3,6	75,1	83
Erbsen	9,0	3,5	74,6	91
So.-Wicken	6,9	3,9	72,9	82
Sojabohnen	7,0	4,5	70,7	83
Ackerbohnen	10,3	5,1	69,1	81
Hafer	14,2	5,5	65,3	70
Sojaextraktionsschrot	5,7	5,5	61,6	89
Trockenschnitzel	20,0	4,8	56,6	80
Süßlupine	21,1	2,3	44,6	83
Grundfuttermischungen				
IV. 6	4,4		82,2	
V. 1	7,1		70,8	
VII. 6	7,1		70,3	

Wie die Tabelle zu erkennen gibt, geht mit zunehmendem Rohfasergehalt die Verdaulichkeit stark zurück, wobei noch zu berücksichtigen ist, daß es sich um sehr verschiedenartige Futterstoffe handelt. Es läßt sich aus diesen Werten folgende Regressionsgleichung für die Beziehungen zwischen dem Rohfasergehalt (x) und der Verdaulichkeit der organischen Substanz bei Gänsen (y) ableiten:

$$y = 85{,}5 - 1{,}72\,x \qquad r = -0{,}886$$

Der hohe Wert für den Korrelationskoeffizienten r mit $-0{,}89$ läßt die starke Abhängigkeit der Verdaulichkeit vom Rohfasergehalt erkennen. Dabei werden sicherlich die Ergebnisse auch durch den Ligningehalt nicht unwesentlich beeinflußt. So liegt z. B. der Gehalt an Lignin mit einem Wert von 5,5% im Sojaextraktionsschrot, das mit seiner niedrigen Verdaulichkeit auffällt, am höchsten von allen der hier untersuchten Futterstoffe, und er dürfte mit für die ungünstige Verdaulichkeit des Sojaextraktionsschrotes verantwortlich sein. Die Tabelle läßt gleichzeitig die Unterschiede im Verdauungsvermögen gegenüber den Schweinen deutlich erkennen.

Dem Gehalt an Rohprotein scheint nur ein geringer Einfluß auf die Verdaulichkeit zuzukommen, wie die folgende Tabelle 13 zeigt.

Tabelle 13
Rohproteingehalt der Futterration und Verdaulichkeit

Rohproteinanteil in der Futterration in % der Tr.-S.		Verdauungskoeffizienten				
		Organ. Subst.	Roh-prot.	Roh-fett	Roh-faser	NFE
9–15%	(n = 5)	73	76	52	18	76
15–20%	(n = 9)	74	78	71	17	78
20–25%	(n = 3)	78	83	75	31	83
25–30%	(n = 7)	72	82	74	12	75
30–35%	(n = 3)	71	89	71	17	66
über 40% (44%)	(n = 1)	45	89	70	16	7 (Süßlupine)
über 45% (48%)	(n = 1)	73	83	73	24	71

Mit Ausnahme einer Versuchsreihe sind keine sicheren Unterschiede in der Verdaulichkeit in den einzelnen Gruppen mit den verschiedenen Rohproteingehalten festzustellen. Bei der Reihe, die ausgefallen ist, handelt es sich um das Süßlupinenschrot, bei dem die niedrige Verdaulichkeit durch den hohen Rohfasergehalt von über 20% bedingt ist.

Beurteilung der Ergebnisse

Zum Schluß sollen noch einige kritische Bemerkungen zur Durchführung der Versuche und zu den Ergebnissen gemacht werden. Es sind bei den Gänseversuchen zum Teil nicht unerhebliche Streuungen bei den Werten für die Verdaulichkeit festzustellen; sie finden ihre Erklärung in den Schwierigkeiten, die bei der Durchführung der Versuche aufgetreten sind.

Auf die Schwierigkeiten bei der Futteraufnahme ist schon früher hingewiesen worden. Streuverluste, Futterverluste durch allzuhäufiges Ausspülen des Schnabels im Tränkwasser und die große Schmeckempfindlichkeit der Gänse bei der Aufnahme der Futterstoffe erschwerten die Versuche erheblich und machte einen Teil hinfällig. Die große Schmeckempfindlichkeit der Gänse ist bereits von Engelmann (1960) herausgestellt worden; es zeigte sich, daß von allen Geflügelarten die Gänse am schmeckempfindlichsten sind. Aus diesem Grunde mußte ein nicht unbeträchtlicher Teil der Versuche abgebrochen werden.

Auch die quantitative Sammlung der Exkremente machte gewisse Schwierigkeiten. Geringe Anteile trockneten vielfach am Drahtrost an und konnten nur zum Teil erfaßt werden. Als ein weiterer erschwerender Umstand kam hinzu, daß die Gänse während der Versuche zum Teil Federn verloren, was augenscheinlich durch die häufige Futterumstellung bedingt war. Die kleinen Flaumfedern ließen sich nur ungenügend heraussammeln.

Die größten Schwierigkeiten traten jedoch bei der Bestimmung der Verdaulichkeit des Rohproteins auf, da beim Geflügel Kot und Harn gemeinsam ausgeschieden werden. Es existiert bisher keine Methode, die eine einwandfreie

Trennung der N-Verbindungen des Kotes von denen des Harnes gestattet. Zur Trennung wurde von uns das bisher wohl am meisten angewandte Trennungsverfahren von STOTZ (1932) benutzt. Es konnte bei der Nachprüfung dieses Verfahrens festgestellt werden, daß durch die Behandlung mit Salpetersäure nicht nur die Harnsäure oxydiert wird, sondern daß ein gewisser Teil des Proteins hydrolysiert und zu Aminosäuren aufgespalten wird, der nicht mehr ausgefällt wird und somit in Verlust gerät. Dies bedeutet, daß die Werte für den Gehalt an Protein im Kot zu niedrig ausfallen und die Verdauungskoeffizienten für das Rohprotein zu hoch.

Eine weitere Fehlerquelle liegt darin, daß die im Kot enthaltene Harnsäure, die bei der Trockensubstanzbestimmung miterfaßt und in ihrer Menge recht verschieden sein kann, bei der üblichen Berechnung der Verdaulichkeitsversuche in die organische Substanz des Geflügelkotes eingeht und damit, wie noch gezeigt wird, sowohl die Verdaulichkeit der organischen Substanz als auch der N-freien Extraktstoffe erheblich drückt. Die Menge an Harnsäure kann berechnet werden, wenn man in den Exkrementen sowohl die Gesamt-N-Bestimmung als auch die Kot-N-Bestimmung ausführt, und die Differenz beider Werte, die dem N-Anteil der Harnsäure entspricht, mit dem Faktor $f = 3$ (Harnsäure $= 33{,}33\%$ N) multipliziert. Die gefundene Menge an Harnsäure ist von den scheinbaren in der Trockensubstanz erfaßten Mengen an organischer Substanz im Kot abzuziehen, um auf den wirklichen, aus dem Futter stammenden Gehalt an organischer Substanz zu kommen. Ebenso ist bei der Ausrechnung der NFE zu verfahren. Die Auswirkung der verschiedenartigen Rechnung soll an einem Beispiel gezeigt werden:

Tabelle 14

Berechnung der Verdauungskoeffizienten
(Versuch 3 mit einer Grundfuttermischung; Ganter Nr. 9)

	Trocken-Substanz	Organ. Substanz	Roh-protein	Roh-fett	Roh-faser	NFE
		a) direkt berechnet (ohne Korrektur)				
Einnahme in g Tr.-S.	41,3	37,0	11,0	1,0	2,9	22,1
Ausgaben im Kot in g Tr.-S.	29,0	22,8	4,9	0,4	3,6	13,9
verdaut in g	12,3	14,2	6,1	0,6	−0,7	8,2
verdaut in %		**38,4**	55,5	73,6	(negat.)	**37,1**
b) errechnet, nachdem der Harnsäureabzug (= 4,6 g im Kot) vorgenommen wurde						
Ausgaben im Kot in g Tr.-S.	24,4	18,2	4,9	0,4	3,6	13,9
verdaut in g	16,9	18,8	6,1	0,6	−0,7	8,2
verdaut in %		**50,8**	55,5	73,6	(negat.)	**57,9**

Es steigt somit die Verdaulichkeit der NFE um 20,8% auf 57,9% und die Gesamtverdaulichkeit von 38,4 auf 50,8%. Dies sind immerhin nicht unbeträchtliche Unterschiede.

Auf diese Unstimmigkeit hatte bereits HOCK (1938) bei seinen Untersuchungen an Tauben hingewiesen und demgemäß auch die Werte bei den N-freien Extraktstoffen korrigiert (jedoch nicht die der gesamten organischen Substanz).

Es sind also die nach dem üblichen Verfahren erhaltenen Werte mit nicht geringen Fehlern behaftet. Die Verdaulichkeit für das Rohprotein erscheint als zu hoch, während die Verdauungskoeffizienten für die N-freien Extraktstoffe sowie die Gesamtverdaulichkeit als zu niedrig anzusehen sind.

Bei unseren Untersuchungen wurde jedoch die bisherige Auswertung beibehalten, um den Vergleich mit den bisher erhaltenen Werten zu gestatten, zumal die meisten der in der Literatur sich findenden Werte über diesen Weg gewonnen wurden, so daß die hier festgestellten Werte den Vergleich der verschiedenen Futterstoffe wie auch der verschiedenen Geflügelarten durchzuführen gestatten.

Es wird aber insgesamt notwendig sein, das gesamte Verfahren der Bestimmung der Verdaulichkeit beim Geflügel einer eingehenden kritischen Prüfung zu unterziehen, zumal auch die Bestimmung der Trockensubstanz im Kot nicht mit unerheblichen Fehlern behaftet ist.

Zusammenfassung

In Weiterführung der Untersuchungen über die Verdaulichkeit der Futterstoffe bei Wassergeflügel wurden entsprechende Versuche an Gänsen durchgeführt. Es liefen 42 Versuche mit 141 Einzelversuchen, von denen jedoch infolge der erheblichen Schwierigkeiten, die bei Versuchen mit Gänsen auftreten können, nur 31 zur Auswertung gelangten.

Zur Untersuchung kamen verschiedene Getreidearten, Leguminosen und Ölsaaten, Eiweißfutterstoffe, Extraktionsschrote sowie Knollen- und Wurzelprodukte. Es wurden die Verdauungskoeffizienten bestimmt und die Gehalte an verdaulichem Rohprotein sowie an Gesamtnährstoff berechnet.

Die Verdauungskoeffizienten zeigten eine starke Abhängigkeit vom Rohfasergehalt, wie aus dem hohen Wert für den Korrelationskoeffizienten von $r = -0{,}886$ hervorgeht. Nur die Verdaulichkeit des Rohproteins wurde hiervon relativ wenig beeinflußt; sie hängt in erster Linie vom Rohproteingehalt ab. Beim Vergleich der Verdaulichkeit der verschiedenen Geflügelarten ergaben sich im allgemeinen keine gesicherten Unterschiede zwischen Gans, Ente und Huhn, während die Verdaulichkeit bei den Tauben vielfach niedriger lag; hier wirkt sich augenscheinlich ein erhöhter Rohfasergehalt in den Futterstoffen noch stärker aus.

Die Durchführung der Versuche mit Gänsen ist mit gewissen methodischen Schwierigkeiten verknüpft, zu denen Stellung genommen wurde. Auf die speziellen Schwierigkeiten, die durch die unzureichende Trennung des Stickstoffs von Kot und Harn auftreten und die Unsicherheiten, die sich dadurch bei der Feststellung der Verdauungskoeffizienten ergeben, wurde besonders eingegangen.

Резюме

В исследованиях переваримости кормовых средств у водоплавающей птицы проводились соответственные опыты на гусях. Всего имели место 42 опыта со 141 отдельным опытом, из которых, однако, вследствие значительных трудностей, могущих возникнуть в опытах с гусями, обрабатывался лишь 31 опыт. Исследовались разные виды зерновых, бобовых и масличные семена, белковые корма, обезжиренные шроты, а также клубне- и корнеплоды. Определялись коэффициенты переваримости, а также содержание переваримого сырого протеина и общее количество питательных веществ. Коэффициенты переваримости проявляли сильную зависимость от содержания сырой клетчатки, что видно из высокого коэффициента корреляции $r = -0{,}886$. Лишь на переваримость сырого протеина это оказало относительно мало влияния; она в первую очередь зависит от содержания сырого протеина. В общем при сравнении переваримости упомянутых кормов у различных видов птицы не было получено достоверных разностей между гусем, уткой и курицей, в то время, как переваримость у голубей часто была еще ниже; здесь, повидимому, повышенное содержание сырой клетчатки в кормах сказывается еще сильнее. Проведение опытов с гусями связано с некоторыми методическими трудностями, которые учтены в работе. Особо излагаются специальные трудности, связанные с недостаточным отделением азота от кала и мочи, и неуверенность, возникающая в связи с этим при определении коэффициентов переваримости.

Summary

Studies on the digestibility of feedstuffs for water-fowl were continued with geese. 42 trials which included 141 individual tests were carried out, but only 31 trials were interpreted according to considerable difficulties typical for geese testing The tests were carried out on various grains, legumes, oil seeds, oil meals (extracted), protein concentrates, as well as tuber and root crops. Digestibility coefficients were determined, and the levels of digestible crude protein and "total nutrients" were calculated. The digestibility coefficients are correlated with the crude fiber levels, as may be seen from the high correlation $r = -0.886$. The digestibility of crude protein mainly depends on the crude protein content. A comparison between the digestibility values for the different species of poultry usually did not give significant differences between geese, ducks, and hens, whereas digestibility for pigeons mostly was lower. This may be explained by stronger effects of increased crude fiber contents in the feedstuffs for pigeons. Digestibility trials with geese are accompanied by certain methodical difficulties which were steted. The spezific difficulties caused by insufficient seperation of fecal and urinary nitrogen in estimating digestibility coefficients are discussed.

Literatur

Engelmann, C. H.: Arch. Geflügelkd. 12 (1957), S. 33
Engelmann, C. H.: Arch. Geflügelzucht u. Kleintierkd. 9 (1960), S. 91
Fangauf, R.; Mackrott, H.; Vogt, H.: Geflügelfütterung, 5. Aufl. 1960, Eugen Ulmer-Verlag, Stuttgart
Hock, A.: Tierernährung 10 (1938), S. 3
Hock, A.: Tierernährung 10, (1938), S. 249
Mangold, E.; Stotz, H.: Arch. Geflügelkd. 9 (1935), S. 1
Mangold, E.; Hock, A.: Arch. Geflügelkd. 12 (1938), S. 334
Nehring, K.; Knabe, B.: Arch. Geflügelkd. 25 (1961), S. 263
Nehring, K.; Nerge, I.: Kurzgefaßte Futtermitteltabellen für Planung und Beratung, 1964 (im Druck)
Peters, H.: Arch. Tierernährung u. Tierzucht 9 (1933), S. 438
Stotz, H.: Arch. Tierernährung u. Tierzucht 7 (1932), S. 29
Stotz, H.; Brüggemann, H.: Arch. Geflügelkd. 7 (1933), S. 202
Suzuki, K.: Chem. Zentralblatt II, 1932, S. 142

Anschrift der Verfasser
Prof. Dr. Dr. h. c. Kurt Nehring und
Dipl. Landwirt Ingelore Nerge
Oskar-Kellner-Institut für Tierernährung Rostock
25 Rostock, Justus-von-Liebig-Straße 1

Aus der Zentralstelle für Futtermittelprüfung und Fütterung Halle-Lettin
des Landwirtschaftsrates der DDR, Zweigstelle Parchim

Manfred Hoffmann und Martin Unger

Ein Beitrag zum Einsatz von Hydroponikgrünfutter in der Kükenaufzucht

Eingegangen: 10. 8. 1965

Ausgehend von den Erfahrungen mit dem erdelosen Gemüseanbau wurde in einer Reihe von Ländern mit dem Hydroponikverfahren auch Grünfutter erzeugt (Guers, 1965; o. V., 1963; Veber, 1964). Die futterwirtschaftlichen Vorteile dieses Verfahrens bestehen darin, daß auch in den Wintermonaten und im Frühjahr alle physiologischen Vorteile des Grünfutters genutzt werden können. In der im umfangreichen Maße vorliegenden Literatur wird übereinstimmend die Verbesserung der Eiweiß-, Vitamin- und Mineralstoffversorgung durch das zusätzliche Grünfutter als Zweck dieses Verfahrens angesehen. Die Hauptanwendungsgebiete liegen naturgemäß bei der Aufzuchtfütterung. Von Wassjutinski und Broufman (1964) werden die Vorteile folgendermaßen zusammengefaßt: 1. Senkung der Kükenverluste auf 8–5% und der Ferkelverluste auf 5–3%; 2. Steigerung der täglichen Zunahmen der Ferkel um 18% (bis Absetzen), der Küken um 20% (bis 30. Tag) und der Kaninchen um 46%; 3. Steigerung der Legeleistung um 15–20%; 4. Beseitigung von Erscheinungen der Anämie und von Magen-Darmerkrankungen und 5. Herabsetzung der Ausgaben für Präparate und Fischtran.

Auf Grund dieser günstigen Wirkung des frischen Grünfutters im Winter hat sich in einer großen Zahl landwirtschaftlicher Betriebe der zusätzliche Aufwand zur Erzeugung von Hydroponikgrünfutter als wirtschaftlich erwiesen. Aus diesem Grunde wird die Hydroponikmethode als Möglichkeit zur zusätzlichen Erzeugung von vitaminreichem Grünfutter im Winter zur breiten Anwendung empfohlen (o. V., 1964/65; o. V., 1963; o. V., 1963).

Von Kasankow (1963) wird über gute Erfahrungen bei der Verabreichung von 10 g Hydroponikfutter/Tier und Tag bei 60000 Küken berichtet. Wassjutinski und Mitarbeiter (1964) berichten über einen Versuch mit 300 Eintagsküken, bei dem bei 10 g/Tier und Tag Hydroponikfutter bis zum 30. Lebenstag eine bessere Zunahme um 21% festgestellt wurde. Entsprechend diesen guten Erfahrungen wurde die Anwendung der Hydroponikmethode in den Geflügelhaltungen vieler LPG und VEG eingeführt (z. B. VEG Parchim, Bez. Schwerin).

Mit dem Übergang zu industrieartigen Produktionsmethoden auch in der Junghennenaufzucht gewinnt die Anwendung hochwertiger industriell hergestellter Mischfuttermittel immer größere Bedeutung. Die weitere Steigerung der Produktion und die ständige Verbesserung der Qualität der Mischfuttermittel kommt dabei den Bestrebungen der praktischen Landwirtschaft entgegen. Gleichzeitig erhebt sich aber die Frage, inwieweit unter günstigen Haltungsbedingungen und bei kontinuierlicher Anwendung vollwertiger Mischfuttermittel der zusätzliche Aufwand zur Erzeugung von Hydroponikfutter gerechtfertigt ist. Die vorgelegten Versuchsergebnisse sollen zur Beantwortung dieser Frage einen Beitrag liefern und gleichzeitig zum Gedankenaustausch zu dieser Fragestellung anregen.

1. Erzeugung und Nährstoffgehalt des Hydroponikfutters

Das Hydroponikgrünfutter wurde in der Geflügelanlage des VEG Parchim erzeugt. 7 m² Wuchsfläche standen zur Verfügung, so daß tägl. 1 m² 9 Tage altes Hydroponikfutter zur Aberntung kam. Davon erhielten die Versuchstiere die notwendige Menge. Für 1 m² wurden 4 kg Maiskörner mit 0,3% Formalinlösung gewaschen und $^1/_2$ Tag zum Quellen aufgestellt. Anschließend kam der Mais $1^1/_2$ Tag in einen Brutschrank bei 28—30 °C zur Vorkeimung. Die Anzucht des Hydroponikfutters wurde in mit Folie ausgelegten Regalen vorgenommen. 2mal tägl. erfolgte die Befeuchtung mit der Nährsalz-Lösung S_1 (VEB Pinnerolwerk Bad Düben). Die Produktion des Futters erfolgte also nach den vorliegenden Empfehlungen (o. V., 1964/65; o. V., 1963).

Vom 13. 3. bis 22. 3. 1965 wurde die Anzucht von 1 m² (4 kg Maiskörner) bilanzmäßig nach Rohnährstoffen untersucht.

Die Erntemasse betrug 24,97 kg mit einem Trockensubstanzgehalt von 8,38%. Die Ergebnisse zeigt die Tabelle 1:

Tabelle 1

Chemische Zusammensetzung und Nährstoffbilanz bei der Erzeugung von Hydroponikfutter (Mais)

	Zusammensetzung (% der Tr.-M.)		Nährstoffbilanz		
	Maiskörner	Maishydro-ponikfutter	Maiskörner (g)	Maishydro-ponikfutter (g)	Bilanz in %
Trockenmasse	100	100	3580,0	2093,0	− 41,5
Org. Substanz	98,66	95,79	3532,1	2004,9	− 43,2
Rohprotein	11,11	26,92	397,7	563,4	+ 41,7
Rohfaser	3,47	17,22	124,2	360,4	+190,2
Rohfett	4,28	4,38	153,2	91,7	− 40,1
NFE	79,80	47,27	2857,0	989,4	− 65,4
Rohasche	1,34	4,21	47,9	88,1	+ 83,9

Wie die Nährstoffbilanz erkennen läßt, gingen beim Anbau des Hydroponikgrünfutters 41,5% der Trockenmasse und 65,4% der NFE vom Ausgangsmaterial (Mais) verloren. Der Rohproteingehalt erhöhte sich um 42%, die Rohasche um 84% und die Rohfaser um 190%. Beim Wachstumsprozeß des Maises entsteht ein Rohproteinzuwachs, ein Rohfaserzuwachs und ein Rohaschezuwachs. Der Rohaschezuwachs ist nicht in voller Höhe als echter Zuwachs anzusehen, da von den Pflanzen nicht verbrauchte Mineralsalze aus der Nährlösung in die Bilanz mit eingegangen sind.

2. Durchführung des Fütterungsversuches

2.1. Tiermaterial und Versuchsplan

Als Tiermaterial standen sortierte Hybrid-Leghornhennenküken zur Verfügung. Je Gruppe wurden 300 Tiere eingestallt. Der Versuch dauerte vom 25. II. bis 21. IV. = 56 Tage. Er wurde im VEG Parchim durchgeführt.
Es wurden folgende Varianten geprüft:

Gruppe I: Kükenaufzuchtfutter
Gruppe II: Kükenaufzuchtfutter + Hydroponikfutter
Gruppe III: Kükenaufzuchtfutter + Grünmehl.

Der Versuchsplan ist aus Tabelle 2 zu entnehmen:

Tabelle 2
Versuchsplan (g/Tier und Tag)

Gruppe:	I K.	II K. + Hydroponikfutter	III K. + Grünmehl
1.— 4. Tag	ad. l.	ad. l.	ad. l.
5.—10. Tag	ad. l.	ad. l. + 3,0	ad. l. +0,6
11.—20. Tag	ad. l.	ad. l. + 5,0	ad. l. +1,0
21.—56. Tag	ad. l.	ad. l. +10,0	ad. l. +2,0

Bem.: K = Kükenaufzuchtfutter

Bis zum 4. Tag wurde in allen Gruppen nur Kükenaufzuchtfutter verwendet. In der Gruppe II und III wurden dann ab 5. Tag die angegebenen Mengen Hydroponikfutter bzw. Grünmehl zugefüttert.

2.2. Fütterungstechnik

Vom 1.—4. Tag erhielten die Tiere das Kükenaufzuchtfutter trocken in Trögen gereicht. Vom 5. Tag an wurde das Kükenaufzuchtfutter angefeuchtet in Trögen gefüttert. In der Gruppe II wurde die entsprechende Menge frisch gemusten Hydroponikfutters und in Gruppe III das Grünmehl untergemischt. Ab 10. Tag stand allen Gruppen Kükenaufzuchtfutter aus Automaten zur beliebigen Aufnahme zur Verfügung. Durch diese Fütterungsweise wurde erreicht, daß die zu kontrollierenden Zusätze von Hydroponikfutter und Trockengrünmehl vollständig in den vorgesehenen Mengen verzehrt wurden und die Vergleichbarkeit mit den Gruppen ohne wasserreiches Zufutter gewährleistet war.

2.3. Nährstoffgehalt der verwendeten Futtermittel

Die Zusammensetzung des Hydroponikfutters wurde in der Tabelle 1 mitgeteilt.

Das Trockengrünfutter war 8 Monate eingelagert und hatte folgende Zusammensetzung:

Trockensubstanz	94,87%	Rohfaser	23,77%
Rohprotein	12,85%	Carotin	39,90 mg/kg

Das Kükenaufzuchtfutter wurde nach den Rezepturen und Normen für industriell hergestellte Mischfuttermittel für das Jahr 1965 (JAHN u. RÖMISCH, 1965) im Kraftfuttermischwerk Grabow hergestellt. Die Tabelle 3 gibt die chemische Zusammensetzung an.

Tabelle 3
Chemische Zusammensetzung des Kükenaufzuchtfutters

Rohnährstoffgehalt		Gehalt an Wirkstoffzusätzen	
Trockensubstanz	90,04%	Vitamin A	7000 I.E./kg
Organische Substanz	84,54%	Vitamin D_3	700 I.E./kg
Rohprotein	18,11%	Vitamin B_6	3 mg/kg
Rohfaser	3,77%	Vitamin B_{12}	10 mcg/kg
Rohfett	2,09%	Furazolidon	100 mg/kg
NFE	60,57%	Äthoxyquin	120 mg/kg
Rohasche	5,50%		

3. Versuchsergebnisse und Diskussion

Die Versuchsergebnisse zeigt die Tabelle 4.

Tabelle 4
Zunahme, Futterverbrauch und Aufzuchtverluste

Gruppe		I	II	III
Anfangsgewicht pro Tier	(g)	37,4	37,0	36,9
Endgewicht pro Tier	(g)	578	569	569
Zunahme pro Tier	(g)	541	532	532
Zunahme rel.		100	98	98
Aufzuchtverluste	(%)	2,0	9,0	4,3
Mischfutterverbrauch je kg Zunahme	(kg)	3,44	3,78	3,70
rel.		100	110	108

Die Tabelle zeigt, daß die Gewichtszunahme bis zum 56. Tag bei Anwendung eines hochwertigen Kükenaufzuchtfutters in allen drei Gruppen praktisch gleich lagen und kein positiver Einfluß durch die Zufütterung von Hydroponikfutter bei der Kükenaufzucht festgestellt werden konnte. Das gleiche trifft für die Zugabe von relativ schlechtem Trockengrünfutter (Abfall des Carotingehalts durch die notwendige Lagerung bis zum Winter) zu.

Die höchsten Aufzuchtverluste der Gruppe II sind wahrscheinlich durch die Verdauungsschwierigkeiten des rohfaserreichen Hydroponikfutters durch nicht genügende Zerkleinerung zu erklären. Die nach dem Musen des Grünfutters immer noch vorhandenen Fasern wurden bei den kleinen Küken nach Öffnung

des Magens als Zusammenballung gefunden. Einen weiteren Einfluß auf die Verlustquote scheinen die teilweise verschimmelten Körner des Hydroponikfutters auszuüben. Wie die Erfahrungen gezeigt haben, verpilzen die Hydroponikräume zusehend, so daß nach längerer Benutzung eine teilweise Verpilzung der Körner nicht zu umgehen ist. Zusätzliche Desinfektionsmaßnahmen könnten hier Abhilfe schaffen. Da die größten Tierverluste der Gruppe II in den ersten 10 Tagen auftraten, erscheint es ratsam, mit der Verfütterung von Hydroponikfutter nicht vor dem 10. Lebenstag zu beginnen und die Tiere ganz langsam an das Hydroponikgrünfutter zu gewöhnen.
Der Mischfutterverbrauch war in der Gruppe II und III um 10 bzw. 8% höher als in der Gruppe I.

Zusammenfassung

Die Vorteile der Erzeugung von Hydroponikgrünfutter in den Wintermonaten, insbesondere bei der Aufzucht, werden angegeben. In der Kükenaufzucht wurde nach Literaturberichten die Gewichtszunahme bis zu 21% verbessert. In einem Fütterungsversuch im VEG Parchim wurde die Frage nach der Zweckmäßigkeit einer Zufütterung von Hydroponikfutter (Mais) zu einem industriell hergestellten Kükenaufzuchtfutter, das die Vitamine A, D_3, B_6, B_{12} und ferner Furazolidon und Äthoxyquin enthielt, geprüft.
Der Versuch ergab keine statistisch gesicherten Unterschiede in der Gewichtszunahme und einen um 10% höheren Mischfutterverbrauch in der Hydroponikgruppe. Die Aufzuchtverluste lagen mit 9% in der Hydroponikgruppe am höchsten. Da die Hauptverluste in den ersten Tagen auftraten, wird eine Verfütterung vom gemusten Hydroponikfutter (Mais, 9 Tage) bis zum 10. Tag nicht empfohlen. Bei einem kontinuierlichen Einsatz von hochwertigem Mischfutter hat der Einsatz von Hydroponikgrünfutter bis zum 56. Tag keinen Vorteil gebracht.
Der Zusatz von qualitätsmäßig schlechtem Trockengrünfutter (8 Monate gelagert) zum Kükenaufzuchtfutter brachte ebenfalls keine Vorteile. Er führte zu einem 8% höherem Mischfutterverbrauch.

Резюме

Сообщаются преимущества, получаемые от производства в зимние месяцы гидропонического зеленого корма, особенно при выращивании цыплят. Согласно данным литературы привесы у них улучшаются на 21%. В народном имении Пархим исследовалась целесообразность гидропонической подкормки (кукурузы) при изготовленном промышленным способом корме, содержавшем витамины A, D_3, B_6, B_{12} и кроме того еще фуразолидон и этоксиквин. В опыте не было получено статистически достоверных разностей по привесам, но было установлено, что в гидропонической группе затрачивалось на 10% больше кормов. Потери при выращивании были наиболее высокими в гидропонической группе и составляли 9%. Так как основные потери имели место в первые дни, то скармливание пастозного гидропонического корма не рекомендуется до 10 дня (у кукурузы до 9 дня). При непрерывном применении высококачественных смешанных кормов, гидропонический корм до 56 дня не дал пользы. Добавка качественно плохого сухого зеленого корма (восьмимесячного хранения) к основному корму также не дала никакой выгоды. Она привела к повышенной на 8% затрате смешанных кормов.

Summary

Advantages, mainly for rearing, of hydroponic green fodder production, during the winter season, are suggested. Weight increase in chicken rearing was improved up to 21 per cent, as reported in literature. The usefulness of hydroponic fodder (maize) when added to industrially made chicken rearing fodder which contained A, D_3, B_6, E_{12} vitamins, furazolidon, and ethoxyquin was tested in a feeding study carried out by the National Estate of Parchim. The experiment did not give statistically secured differences in weight increase, but the mixed fodder consumption of the hydroponic group was increased by 10 per cent. Highest rearing loss was observed in the hydroponic group, with the value being 9 per cent. Major loss occurred during the initial days. Therefore, feeding of puréed hydroponic fodder (maize, 9 days) is not recommended up to the 10th day. The use of hydroponic green fodder up to the 56th day did not give any advantage, when first-class mixed fodder was given. No advantages were achieved either when low-quality dried green fodder (8 months storage) was added to the chicken rearing fodder. Such addition, however, resulted in eight per cent increase in mixed fodder consumption.

Literatur

o. V.: Empfehlung der Produktionsleitung des Landwirtschaftsrates der DDR und des Sekretariats des Zentralvorstandes der Gesellschaft für Deutsch-Sowjetische Freundschaft zur Erzeugung von Hydroponikfutter im Winter 1964/65

GÜERS, E.: Wo stehen wir in der Grünfutterhydroponik? Presse der SU (B) 1954, Nr. 12, 39, 42, 45, 46, 49, 54

JAHN, S.; RÖHMISCH, H. G.: Rezepturen und Normen 1965. Herausgeb.: Staatl. Komittee für Erfassung und Aufkauf, 61 S.

KASENKO, I.: Grünfutter auf Nährlösungen. Presse der SU (B) 1963, Nr. 141, S. 3087–3088

o. V.: Zusätzliche Erzeugung von vitaminreichem Grünfutter im Winter. Hrg. Landwirtschaftsrat der DDR, Merkblatt 13/1963, 27 S.

o. V.: Presse der SU (B): Sondernummer zur Grünfutterproduktion im Winter, 1963, Nr. 120

VEBER, K.: Grünfütterung im Winter. Leipzig-Markkleeberg 1964, 53 S.

WASSJUTINSKI, J. P.; BROUFMAN, L. I.: Hydroponik im Dienste der Viehwirtschaft. Presse der SU (B) 1964, Nr. 77, S. 1716–1719

Anschrift der Verfasser

Dr. MANFRED HOFFMANN
Institut für Tierernährung der Karl-Marx-Universität Leipzig
7022 Leipzig, Gustav-Kühn-Straße 8

Dipl.-Landwirt MARTIN UNGER
Zentralstelle für Futtermittelprüfung und Fütterung Halle-Lettin des Landwirtschaftsrates der DDR, Zweigstelle Parchim
285 Parchim, Lübzer Chaussee

Aus dem Institut für Ernährung der Deutschen Akademie der Wissenschaften – Bereich Physiologie der Ernährung

HANS-ALBRECHT KETZ

Antimikrobielle Stoffe in der Geflügelernährung[1]

Eingegangen: 19. 7. 1965

Mit zunehmender Intensivierung der Geflügelhaltung nehmen prophylaktische Maßnahmen einen immer größeren Anteil in der veterinärmedizinischen Betreuung von Geflügelgroßbeständen ein. Grundlage jeder allgemeinen Prophylaxe ist die ständige Überwachung und sachkundige Kontrolle der Fütterung. Ernährungsphysiologisch sind die Futtermittel nach ihrem Gehalt an lebensnotwendigen Bestandteilen sowohl qualitativ als auch quantitativ zu beurteilen. Man rechnet dabei mit ca. 50 verschiedenen Substanzen, die als unbedingt notwendige Bausteine des lebenden Organismus regelmäßig zugeführt werden müssen, um die Gesundheit und genetisch fixierte Leistung zu erhalten.

Die moderne Geflügelernährung ist aber auf diesem Stand der Kenntnisse nicht stehen geblieben. In den letzten Jahrzehnten wurde eine große Reihe von weiteren Futterbestandteilen entdeckt, die sowohl eine leistungssteigernde als auch eine gesunderhaltende Wirkung aufweisen. Diese Entwicklung in der Tierernährung befindet sich erst in ihrem Anfangsstadium.

Von besonderer Bedeutung auf diesem Gebiet der Geflügelernährung ist die Gruppe der antimikrobiellen Stoffe, die als Bestandteile des Geflügelfutters zur Leistungssteigerung und zur Gesunderhaltung in Geflügelbeständen wesentlich beitragen.

Nach dem heutigen Stand unserer Kenntnisse enthalten die Rohprodukte, aus denen sich das Geflügelfutter im wesentlichen zusammensetzt, bereits von Natur aus Stoffe mit antimikrobieller Wirkung. Von den in pflanzlichen Produkten bisher nachgewiesenen Stoffen, es handelt sich dabei in höheren Pflanzen um mehr als 100 verschiedene sog. Phytonzide, sind für die Geflügelernährung einige von praktischer Bedeutung.

So wurden z. B. im Roggen Benzoxazolinon, im Weizen Metoxybenzoxazolinon, in Mohrrüben Benzoesäure, Terulasäure und Chlorogensäure nachgewiesen. WINTER (1951/1952) fand bei der Testung von über 1000 höheren Pflanzen in 30% der Fälle antimikrobielle Inhaltsstoffe. BROSELL (1958) untersuchte mehrere für die Geflügelernährung verwendbare höhere Pflanzen auf ihre Hemmwirkung gegenüber geflügelpathogenen Keimstämmen sowie auf ihren nutritiven Effekt.

[1] Nach einem Vortrag auf der 4. Tagung der Sektion Geflügelkrankheiten in der Wissenschaftlichen Gesellschaft für Veterinär-Medizin in der DDR an Bord der „Fritz Heckert" vom 23.–27. 3. 65

Diese wenigen Beispiele mögen für die in höheren Pflanzen vorkommenden antimikrobiellen Stoffe genügen. Von praktischer Bedeutung ist die Frage, ob die in einigen Rohprodukten bzw. höheren Pflanzen vorkommenden Stoffe nach Aufnahme mit dem Futter im Organismus noch wirksame Konzentrationen erreichen und in welcher Weise überhaupt eine Wirkung — sei es eine speziell antimikrobielle oder eine ernährungsphysiologische — nachweisbar ist.

Enthalten höhere Pflanzen größere Mengen antimikrobieller Stoffe, so kann auf dem Wege über die Fütterung an einen therapeutischen bzw. spezifisch physiologischen Einsatz gedacht werden.

Neben einer speziellen antimikrobiellen Wirkung gegen geflügelpathogene Keime, die zu therapeutischen Zwecken ausgenutzt werden kann, muß vor allem der Einfluß solcher Stoffe des Futters auf die obligate und fakultative Mikroflora des Magendarmkanals in Betracht gezogen werden, der sich letzten Endes in einer besseren Futterverwertung und in einer höheren Gewichtszunahme in bestimmten Wachstumsperioden bemerkbar macht. Von BROSELL (1958) werden aus Versuchen an einer großen Zahl von Hühnerküken Mehrzuwachsraten von 7—11% gegenüber entsprechenden Kontrollgruppen angegeben.

In Anbetracht dieser ökonomisch bedeutsamen Effekte einheimischer, leicht anzubauender höherer Pflanzen wird deren Beifütterung in größerem Maßstab empfohlen. Es erhebt sich allerdings die Frage, ob der Anbau, die Verarbeitung und Beifütterung solcher einheimischer Pflanzen im rationalisierten Großbetrieb noch wirtschaftlich sind.

Versuche von WINTER (1951, 1952) haben gezeigt, daß nach Verfütterung von Kapuzinerkresse und von Cassia-alata-Preßsaft antimikrobiell wirksame Substanzen in den Lungen, der Milz, den Nieren und in anderen Organen nachweisbar sind. Biosynthetisch gewonnenes S^{35}-Radio-Tromylat (Extrakt aus Kapuzinerkresse) zeigt im Geflügelorganismus ein typisches Resorptions- und Verteilungsmuster. S^{35}-Radio-Tromylat verteilt sich gleichmäßig im Tierkörper vom Verdauungs- und Resorptionssystem bis in die subkutane Muskulatur und die Haut. Diese gleichmäßige Verteilung soll eine Voraussetzung für die generelle Resistenzerhöhung nach Verfütterung über lange Zeit sein. SCHARPENSEEL (1957) schließt aus eigenen Versuchen, daß besonders der antimikrobielle Wirkstoff der Kapuzinerkresse sowohl zur alimentären Prophylaxe als auch zur direkten Bekämpfung erfolgreich gegen Hühnerpocken und Hühnerpest verwandt werden könnte.

Bei diesen antimikrobiellen Faktoren handelt es sich vorwiegend um Senfölglykoside, aus denen fermentativ freie Senföle mit antimikrobieller Wirkung abgespalten werden. Die nutritive Wirkung der freien Senföle im Geflügelorganismus ist nach dem heutigen Stand unserer Kenntnisse vorwiegend über eine Beeinflussung der Magendarmflora zu erklären.

Seit den Arbeiten von STOCKSTADT und YUKES (1950) ist aus einer kaum noch zu übersehenden Anzahl von Arbeiten bekannt, daß zugefütterte Rückstände aus der Antibiotikagewinnung und einige Antibiotika selbst bei landwirtschaftlichen Nutztieren eine wachstumssteigernde Wirkung haben. Umfangreiche

Versuche der letzten 15 Jahre in vielen Ländern der Erde haben erwiesen, daß dieser Stoffgruppe mit typischer antimikrobieller Wirkung als Futterzusatz eine große ökonomische Bedeutung zukommt. In der Geflügelernährung führt die kontinuierliche Verabreichung bestimmter Antibiotika in relativ kleinen Mengen

1. zur Steigerung der Gewichtszunahmen in bestimmten Wachstumsperioden,
2. zur Verbesserung der Futterverwertung, der Produktivität und der Fleischqualität
3. zur Erhöhung der Widerstandsfähigkeit gegenüber Infektionen und damit zur Senkung der Morbidität und Mortabilität besonders unter den Bedingungen der Intensivtierhaltung.

Von besonderem Interesse ist zunächst die Frage, wie eine solche leistungssteigernde und resistenzerhöhende Wirkung im Organismus der Tiere zustande kommt. Die in den letzten Jahren über den Wirkungsmechanismus der Fütterungsantibiotika mitgeteilten Forschungsergebnisse sind schematisch in Abb. 1

Wirkungsmechanismus der Fütterungs-Antibiotika
(Vereinfachtes Schema)

Darmflora	Stoffwechsel	Prophylaxe gegen Umweltfaktoren
Hemmung nähr- und wirkstoffverbrauchender Darmbakterien. Verschiebung der Darmflorazusammensetzung zu Gunsten des Wirtsorganismus Hemmung von Fäulniskeimen Aufhebung der Wachstumsdepression durch bakterielle Stoffwechselprodukte Verringerung der Darmwanddicke	Bessere Verwertung bestimmter Aminosäuren Zell- bzw. Eiweißvermehrung Aktivierung der Schilddrüse Aktivierung der Nebennierenrinde Hypertrophie der Darmmucosa Verbesserung der Vitamin B_1-Resorption	Hemmung toxinbildender Bakterien Hemmung fakultativer pathogener Darmbakterien Verhinderung der Ascension bestimmter Dickdarmkeime = Unterstützung des Abwehrprinzips an der Ileocaecalklappe

Steigerung der Gewichtszunahme
Verbesserung der Futterverwertung
Erhöhung der Legeleistung
Stabilisierung des Gesundheitszustandes

Abb. 1: Schematische Darstellung des Wirkungsmechanismus der Fütterungs-Antibiotika

dargestellt. Wie aus der Abbildung hervorgeht, sind wesentliche Zusammenhänge zwischen dem Wirkungsmechanismus der Fütterungsantibiotika und der mit ihrem Einsatz verbundenen ernährungsphysiologischen Probleme geklärt. Trotzdem sind unsere Kenntnisse auf diesem Gebiet noch lückenhaft. Es muß angenommen werden, daß wahrscheinlich die komplexe Wirkung aller einzelnen Faktoren zusammen erst den meßbaren Nutzeffekt ergibt.

Wie Untersuchungen an keimfreien Tieren gezeigt haben, können durch Antibiotika hervorgerufene Wachtsumseffekte bei Küken über eine spezifische Wirkung auf bestimmte Mikroorganismen im Darmkanal erklärt werden. LEV und FORBES (1959) fanden, daß keimfrei aufgezogene und mit Clostridium welchii Typ A monoinfizierte weiße Leghornküken gegenüber keimfreien Küken eine geringere Wachstumsrate aufweisen. Zugefüttertes Penicillin in Mengen von 45 ppm hebt die durch Clostridien verursachte Wachstumsdepression auf. Eine dritte Gruppe von keimfrei aufgezogenen Küken, die mit einigen obligaten Darmkeimen, wie z. B. Escherichia coli, Laktobacillus lactis und Streptococcus liquifaciens künstlich infiziert wurden, zeigten gegenüber den keimfreien Tieren keine Wachstumsdepression und bei Zufütterung von Penicillin auch keine Erhöhung der Zuwachsrate. Diese Forschungsergebnisse an keimfrei aufgezogenen Hühnern sprechen für eine spezifische Beeinflussung der Darmflora als wesentlicher Faktor der nutritiven Wirkung antimikrobieller Stoffe in der Nahrung.

Diese Befunde erhielten eine weitgehende Unterstützung durch die Untersuchungen von HAENEL und Mitarbeitern (1960) über die Antibiotikafütterung bei konventionellen Hühnerküken. Danach ist bei einigen Keimgruppen in verschiedenen Abschnitten des Verdauungskanals von Hühnerküken nach Antibiotikagaben von 10—10000 ppm keine signifikante Verschiebung der Keimzahlen zu beobachten.

In weiteren Versuchen an Rhodeländerküken konnte ermittelt werden, daß mit steigender Dosierung der Fütterungsantibiotika die Zahl der Clostridien zurückgeht. Während bei den üblichen Dosen von Achromycin (10—50 ppm) eine geringe Reduzierung der Clostridien nachweisbar war, wurde bei Dosen über 500 ppm eine deutliche selektive Hemmung der Clostridien beobachtet.

Aus diesen an wenigen Beispielen charakterisierten Befunden ist zu entnehmen, daß die Antibiotikafütterung auch bei konventionellen Tieren zur selektiven Reduzierung bestimmter Keimgruppen oder einer Hemmung ihres Stoffwechsels im Magendarmkanal führt. Der größte Teil der an der Mikroflora beteiligten Bakterien bleibt allerdings hinsichtlich seiner Gesamtkeimzahl selbst bei hoher Dosierung der Fütterungsantibiotika weitgehend unverändert. Es bleibt daher die Annahme, daß die langzeitige Verabreichung kleiner Mengen solcher antimikrobiellen Stoffe zu Stoffwechselveränderungen insbesondere der Mikroflora des Dünndarmes führt, die sich im Sinne einer Verbesserung der Futterverwertung bemerkbar macht.

Für die praktische Nutzanwendung von Fütterungsantibiotika muß ihr Einsatz in günstigen Wachstumsperioden beachtet werden. Von ökonomischer und ernährungshygienischer Bedeutung ist weiterhin die richtige Dosierung der

Tabelle 1
Für die Anwendung von Fütterungsantibiotika günstige Wachstumsperioden
(Auszug aus dem techn. Bericht d. WHO Nr. 260, 1963)

Geflügel (mit Ausnahme von Enten und Gänsen)	bis 10 Wochen
Schweine	bis 6 Monate
Kälber	bis 3 Monate
Mastbullen	bis 18 Monate
Schaflämmer	bis 2 Monate
Pelztiere	bis 3 Monate

Fütterungsantibiotika. Im allgemeinen kann man das Verhältnis der nutritiven zur therapeutischen Dosis mit 1:100 und darüber veranschlagen. Nach HAENEL (1961) und Mitarbeitern wird bei Küken ein steigender Wachstumseffekt durch Aureomycin bis zu Dosen von 1000 ppm registriert. Eine weitere Erhöhung der Dosis bis auf 10000 ppm verbesserte den nutritiven Effekt nicht weiter, war aber auch nicht toxisch. Praktische Erfahrungen aus der Intensivgeflügelhaltung haben gezeigt, daß hohe Konzentrationen von Fütterungsantibiotika einer Gefährdung durch sich schnell verbreitende Masseninfektionen entgegenwirken können.

Diesen Befunden, die für eine Dosisverschiebung der Fütterungsantibiotika nach oben sprechen, stehen ökonomische und lebensmittelhygienische Argumente entgegen, die aus dem bisherigen Stand unserer Kenntnisse über die Wirkung der Antibiotika abgeleitet werden können. Zur Beurteilung der Wirtschaftlichkeit der Antibiotikaverfütterung ist die genaue Kenntnis des ökonomischen Umsatzes dieser antimikrobiellen Stoffe im tierischen Organismus von Bedeutung. Noch sind unsere Vorstellungen über Resorption, Intermediärstoffwechsel, Ausscheidung und deren Beeinflussung durch andere Stoffe nicht vollständig genug. Von Penicillin und den Tetracyclinen wissen wir, daß diese Antibiotika leicht aus dem Darm in das Blut übertreten, während Streptomycin und Bacitracin nur langsam und in geringen Mengen resorbiert werden. Die natürliche Resorbierbarkeit einiger Fütterungsantibiotika kann durch andere Verbindungen verbessert werden. Mehrwertige Metallionen hemmen die Intestinalresorption einiger Antibiotika.

Für die Beurteilung von Antibiotikarückständen in den Eiern und im Geflügelfleisch ist die weitere Kenntnis des Schicksals und der Ausscheidung dieser Stoffe von Wichtigkeit. Aus Versuchen mit radioaktiv markierten Antibiotika wissen wir, daß die mit dem Futter aufgenommenen Antibiotika und deren Umwandlungsprodukte keiner nennenswerten Speicherung im tierischen Organismus unterliegen und bis zu 90% schnell über die Nieren und die Galle wieder ausgeschieden werden.

Aus diesen bisherigen Erkenntnissen über Resorption, Stoffwechsel und Ausscheidung ergeben sich einige Schlußfolgerungen für die praktische Anwendung der Antibiotika als exogene antimikrobielle Stoffe in der Geflügelernährung im Hinblick auf ihre Dosierung.

Mit wenigen Ausnahmen sind nach einer Verfütterung von 5—220 ppm keine Antibiotikarückstände in den tierischen Produkten nachweisbar.
Von insgesamt 30 als Fütterungsantibiotika geeigneten Verbindungen haben sich nur etwa 8 in der Praxis durchgesetzt. Tabelle 2 zeigt den internationalen Stand der Anwendung und Dosierung einiger Fütterungsantibiotika. Als besonders günstig im Hinblick auf eine möglichst hohe nutritive und prophylaktische Wirkung wird die Anwendung von Mischungen verschiedener Antibiotika, wie z. B. Oleandomycin + Terramycin oder von Penicillin + Oleandomycin, beschrieben. Dabei werden sehr niedrige Dosen der an der Mischung beteiligten Antibiotika zwischen 2 und 5 ppm je Verbindung eingesetzt (ROSEN, 1960; ZUCKER, 1964).

Tabelle 2
Internationaler Stand der Anwendung von Fütterungs-Antibiotika (Auszug aus dem techn. Bericht d. WHO Nr. 260, 1963)

Land	Fütterungs-Antibiotika	erlaubte Dosis in ppm pro Trockenfutteraufnahme	Tierarten
UdSSR	Penicillin Oxytetracyclin Chlortetracyclin	15—20	Geflügel Schweine Kälber Pelztiere
USA	Penicillin Streptomycin Dihydrostreptomycin Oxytetracyclin Chlortetracyclin Bacitracin Oleandomycin Erythromycin Tylosin	bis 50	Geflügel Schweine Kälber Rinder
Ungarn	Oxytetracyclin	10—15	Küken Ferkel
England	Penicillin Oxytetracyclin Chlortetracyclin	bis 100	Schweine Geflügel
Italien Japan Schweden	Penicillin Streptomycin Oxytetracyyclin Chlortetracyclin Bacitracin	keine Festlegung der Dosis	Geflügel Schweine Kälber

Von großer praktischer Bedeutung ist die Potenzierung der antimikrobiellen Wirkung bestimmter Verbindungen. In der Geflügelproduktion wurden bereits mehrere Methoden beschrieben, die zur Potenzierung oral verabreichter Antibiotika durch vorübergehende Senkung des Calciumgehaltes im Futter führen

Dabei spielt nicht nur die Höhe der Calciumzufuhr mit dem Futter, sondern auch die Art des verfütterten Calciumsalzes eine bestimmte Rolle. Bei Mengen von 1000 ppm eines Fütterungsantibiotikums ist seine Resorption, gemessen am Serumspiegel, direkt abhängig vom Calciumgehalt des Futters. Umgekehrt kann eine durch den hohen Calciumgehalt des Futters ausgelöste Wachstumsdepression durch 200 ppm Chlortetracycline als Futterzusatz aufgehoben werden.

Aus allen diesen Versuchen muß für die Praxis der Geflügelernährung der Schluß gezogen werden, daß der Calciumgehalt und die Art des im Futter verwendeten Calciumsalzes das Ausmaß der Antibiotikawirkung mitbestimmen.

Geprüft wurde darüber hinaus die Frage, ob bestimmte Hühnerrassen besonders günstig auf Fütterungsantibiotika ansprechen. Aus von Jeroch und Hähnel (1963) durchgeführten Versuchen geht hervor, daß bei 20 ppm Oxytetracyclin die Hühnerküken der White-Rock-Rasse die höchsten Lebendgewichtszunahmen gegenüber der hellen Sussex- und der New-Hampshire-Rasse aufweisen.

Neben der Verfütterung von antimikrobiellen Stoffen an Jungtiere wurden auch Versuche unternommen, um einen Einfluß dieser Stoffgruppe auf die Legeleistung sowie auf die Schlupfrate zu prüfen. Hier sind besonders die Arbeiten von Müller (1957) hervorzuheben, die sich mit dem Einfluß von Prokain-Penicillin auf die Produktivität von Legehennen beschäftigen. Es handelt sich dabei um einen Großversuch in 15 Geflügelfarmen der ČSSR an insgesamt 6000 Tieren, die über einen Zeitraum von 9 Monaten 15 ppm Prokain-Penicillin als Futterzusatz erhielten. Gegenüber sonst gleich, aber ohne Penicillinzusatz gefütterten Tieren lag die Legeleistung der Versuchstiere über den gesamten Versuchszeitraum um 5–25% höher. Außer dieser eindeutigen Steigerung der Legeleistung wurde auch eine (im Durchschnitt von rd. 150000 gewogenen Eiern) geringgradige Gewichtserhöhung der Eier um 1,4% bei den Versuchstieren registriert. Die chemische Analyse der Eier ergab bei den mit Penicillin gefütterten Hennen einen höheren Karotingehalt. Die Schlupfergebnisse waren unter gleichen Brutbedingungen bei den Eiern von den Versuchstieren im Monat Februar um 21% besser als bei den Eiern der Kontrolltiere.

Diese Versuchsergebnisse wurden dahingehend gedeutet, daß über die Beeinflussung der Darmflora durch das zugefütterte Penicillin eine Verbesserung der Resorptionsbedingungen insbesondere für einige Vitamine zustande kommt, die letztlich zur Steigerung der Legeleistung, zur Erhöhung der Karotineinlagerung in das Eigelb und zur Verbesserung der Schlupffähigkeit der Eier führt.

Übertragen wir die Kenntnisse vom Wirkungsmechanismus, von der Dosierung, dem Stoffwechsel und auch von allen übrigen Faktoren, die für die Verfütterung von Antibiotika entscheidend sind, auf die Praxis, so genügen schon einige grobe Überschlagsrechnungen, um von der Wirtschaftlichkeit und der ökonomischen Bedeutung des Einsatzes dieser wichtigen Gruppe von antimikrobiellen Stoffen in der Geflügelernährung zu überzeugen. Bei sachgemäßer Anwendung können eine Steigerung der Wachstumsrate, eine Verbesserung der Futterverwertung, eine Erhöhung der Produktivität sowie eine Senkung der Aufzuchtverluste mit erheblichem ökonomischem Nutzen erzielt werden.

Trotz all der eindeutigen wirtschaftlichen Erfolge, die seit der Anwendung von Fütterungsantibiotika in der Geflügelernährung erzielt wurden, gibt es natürlich auch Bedenken gegen den weitverbreiteten Einsatz dieser Stoffgruppe. Diese Bedenken betreffen die ständig zunehmende Verfütterung von Antibiotika, die auch in der Humanmedizin verwendet werden und dort z. T. schon zur Bildung resistenter pathogener Keimgruppen geführt haben. Es konnte darüber hinaus gezeigt werden, daß sich die Resistenz bestimmter auch pathogener Keime sowohl bei Antibiotika-gefütterten Tieren als auch bei den Tierpflegern erhöhen kann.

Ähnlich wie bei den Antibiotika spricht man einigen *Arsenverbindungen* eine antimikrobielle Wirkung auf die Magendarmflora bei Geflügel zu. In therapeutischen Dosen können diese Arsenverbindungen gegen die Dysenterie und auch gegen die Kokzidiose des Geflügels mit Erfolg eingesetzt werden. In nutritiven Dosen ist eine wachstumsfördernde Wirkung, eine Verbesserung der Futterverwertung und eine Erhöhung der Fleischqualität beim Geflügel beschrieben worden.

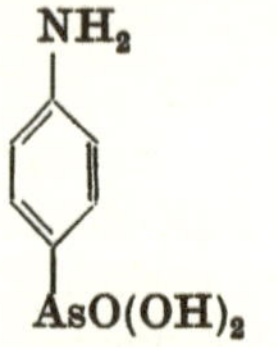

Arsanilsäure

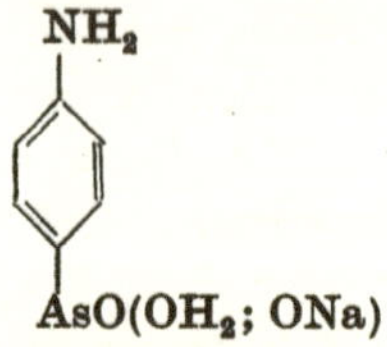

Na-Arsanilat (Atoxyl)

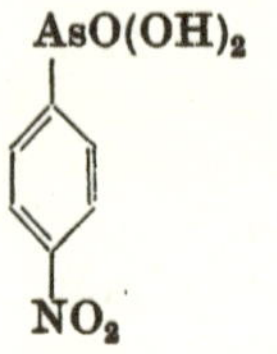

4-Nitrophenylarsinsäure

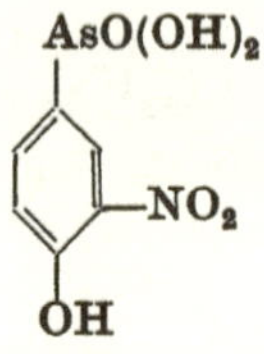

3-Nitro-4-hydroxyphenylarsinsäure

Abb. 2: Als Masthilfsmittel einsetzbare Arsenverbindungen

Über den ernährungsphysiologischen Wirkungsmechanismus dieser Arsenverbindungen ist noch wenig bekannt. Es wird angenommen, daß kleine Mengen Arsen ebenfalls eine hemmende Wirkung auf bestimmte obligate und fakultative Darmbakterien ausüben und so der von solchen Darmbewohnern ausgehenden Wachstumsdepression entgegenwirken. Dafür spricht der Befund, daß die Verabreichung von 20 mg Arsanilsäure pro kg Futter bei Küken eine signifikante Herabsetzung des Darmgewichtes zur Folge hat und daß die Ausnutzung der Vitamine B_1, B_2 und K verbessert ist. Die nutritiven Dosen genannter Arsenverbindungen liegen zwischen 20 und 100 mg pro kg Futter. Mengen über 500 mg pro kg Futter führen bereits zu unphysiologischen Reaktionen.

Noch ungeklärt sind einige Fragen des Arsenstoffwechsels beim Geflügel. Damit ist besonders die Beurteilung von Arsenrückständen im Geflügelfleisch und in den Eiern noch schwierig. Trotz dieser noch ungeklärten Fragen verdient aber die synergistische und potenzierende Wirkung einiger Arsenverbindungen in sehr kleinen Dosen mit dem Einsatz von Antibiotika eine zukünftige Beachtung.

Auf Grund der Erkenntnisse, daß die antimikrobielle Wirkung bestimmter höherer Pflanzen auf der fermentativen Abspaltung freier Senföle aus Senfölglykosiden beruht, wurden von RIECHE (1963) und Mitarbeitern Stoffgruppen synthetisiert, die bei ihrem Zerfall ebenfalls freie Senföle abspalten und in vitro eine bakterizide, fungizide und viruzide Wirkung aufweisen. Es handelt sich dabei vor allem um dithiocarbamidsaure Salze, Thiadiazine, Thiourethane und Dithiocarbamidsäureester. Von HAENEL, HEIDER und MARTIN (1964) wurde in letzter Zeit über die nutritive Wirkung einiger dieser synthetischen Senfölbildner bei Hühnerküken berichtet. Danach wirkt ein Thiadiazin mit der Bezeichnung D 4733 ähnlich wie Chlortetracyclin und Kressesamen.

Eine Auswertung aller in letzter Zeit durchgeführten Versuche über die nutritive Wirkung synthetischer Senfölbildner im Vergleich mit Tetracyclinen führte zu der Schlußfolgerung, daß zwar einige dieser antimikrobiellen aktiven Verbindungen eine den Antibiotika ähnliche wachstumssteigernde Wirkung aufweisen, daß diese Effekte aber nicht in allen Fällen reproduzierbar sind. Ähnliche Befunde wurden allerdings auch von einigen Antibiotika beschrieben. Trotzdem erscheint es sinnvoll, solche synthetisch gewonnenen antimikrobiellen Stoffe in weiteren Versuchsreihen auf ihren nutritiven Effekt zu prüfen, da eine Resistenzsteigerung pathogener Mikroorganismen, wie sie bei der Anwendung von Antibiotika beobachtet wird, bei den wesentlich billiger zu gewinnenden synthetischen Stoffen vermieden werden kann bzw. ohne jede praktische Bedeutung wäre.

Aus allen bisherigen Arbeiten geht hervor, daß in der Geflügelernährung sowohl viele in den natürlichen Futtermitteln vorkommende antimikrobielle Stoffe, als auch der Futtermischung künstlich zugesetzte Antibiotika, Arsenverbindungen und synthetische Senfölbildner von Bedeutung sind.

Mit dem Futter verabreicht, entfalten alle bisher benannten antimikrobiellen Stoffe in Abhängigkeit von ihrer Dosierung eine prophylaktische, eine therapeutische und eine nutritive Wirkung beim Geflügel.

Weiteren Forschungsvorhaben bleibt es vorbehalten, in der Geflügelernährung einsetzbare, für Mensch und Tier gefahrlose Stoffgruppen aufzufinden, die einen maximalen Effekt bringen.

Zusammenfassung

Es wird der neueste Stand der Kenntnisse über antimikrobielle Stoffe als ernährungsphysiologisch und prophylaktisch bedeutsame Faktoren in der Geflügelernährung dargelegt. Im einzelnen werden die in höheren Pflanzen vorkommenden Phytonzide und deren praktischer Nutzeffekt, die Fütterungsantibiotika und deren Einsatz in der Geflügelernährung, einige Arsenverbindungen und die synthetischen Senfölbildner besprochen. Besonders hervorgehoben wird die ökonomische Bedeutung antimikrobieller Stoffe, die in der Geflügelernährung durch Steigerung der Gewichtszunahmen in bestimmten Wachstumsperioden, durch Verbesserung der Futterverwertung, der Produktivität und der Fleischqualität sowie durch Erhöhung der Widerstandsfähigkeit gegenüber Infektionen und durch Senkung der Morbidität und Mortalität unter den Bedingungen der Intensivtierhaltung zum Ausdruck kommt. Die neuesten Forschungsergebnisse über die Wirkungsweise, den Stoffwechsel und die Ausscheidung mit dem Futter aufgenommener antimikrobieller Stoffe werden unter besonderer Berücksichtigung der Mikroökologie des Geflügels mitgeteilt. Von den modernen Methoden zur Potenzierung der Wirkung antimikrobieller Stoffe im Organismus wird auf den Einsatz verschiedener Kalziumsalze und einiger Arsenverbindungen hingewiesen. Es wird vorgeschlagen, weitere synthetische Verbindungen mit antimikrobieller Wirkung zu erforschen, die gefahrlos für Mensch und Tier mit einem maximalen ernährungsphysiologischen und prophylaktischen Effekt eingesetzt werden können.

Резюме

Излагаются новейшие данные об антимикробных веществах в качестве факторов, имеющих значение для кормления птицы с точки зрения физиологии питания и профилактики. В частности, рассматриваются встречающиеся в высших растениях фитонциды и их практическая польза, антибиотики и их скармливание, некоторые мышьяковые соединения и образователи синтетического горчичного масла. Особенно подчеркивается экономическое значение антимикробных веществ в кормлении, проявляющееся в повышени ипривесов в определенные периоды роста, улучшении оплаты корма, продуктивности и качественности мяса, а также в повышении устойтчивости к инфекциям, в снижении заболеваемости и смертности в условиях интенсивного содержания птицы. Сообщаются новейшие результаты исследования образа действия, метаболизма и выделения усвоенных вместе с кормом антимикробных веществ, с особым учетом микроэкологии птицы. Из современных методов повышения действия антимикробных веществ в организме указывается на использование разных кальциевых солей и некоторых мышьяковых соединений. Предлагается исследовать дальнейшие синтетические соединения с антимикробным действием, которые не причиняют вреда человеку и животным и дают максимальный эффект как с точки зрения физиологии питания, так и профилактики.

Summary

The most up-to-date level of knowledge on the role of anti-microbial agents as major factors in physiology of nutrition and in prophylaxis with regard to poultry nutrition is described. Phytoncides in higher plants and their practical effect, feeding antibiotics and their application to poultry nutrition, some arsenic compounds, and the synthetic mustard-oil formers are discussed in detail.

Emphasis is laid on the economic importance of antimicrobial agents which is expressed under conditions of intensive poultry keeping by raised weight increases during certain growth periods as well as by improved fodder utilisation, productivity, meat quality, increased resistance to infections, and by reduced morbidity and mortality. Latest research results with regard to effectiveness, metabolism, and excretion of antimicrobial agents which had been adsorbed together with the fodder are communicated with due consideration of poultry micro-ecology. The application of various calcium salts and some arsenic compounds, some of the modern methods to potentialise the effects of antimicrobial agents on the organism, are suggested. It is proposed to explore further synthetic compounds of antimicrobial effect which, being harmless to human and animal organisms, can be used to achieve maximum effects in physiology of nutrition and in prophylaxis.

Literatur

BROSELL, H.-J.: Arch. Geflügelzucht u. Kleintierk. 7 (1958), S. 23
HAENEL, H.: Ernährungsforsch. 4 (1959), S. 500
HAENEL, H.: Ernährungsforsch. 7 (1963), S. 680
HAENEL, H.: Ernährungsforsch. 8 (1963), S. 54
HAENEL, H.; GERRIETS, E.: Ernährungsforsch. 6 (1961), S. 241
HAENEL, H.; GERRIETS, E.; MÜLLER-BEUTHOW, W.; GASSMANN, B.: Arch. Geflügelkd. 24 (1960), S. 217
HAENEL, H.; HEIDER, G.; MARTIN, D.: Monatsber. Dt. Akad. Wiss. 6 (1964), S. 370
HETH, D. A.; BIRD, H. R.: Poultry Sci. 40 (1961), S. 1414
HEYWANG, B. W.: Poultry Sci. 38 (1959), S. 984
JAFFE, W. P.: Nature (London) 192 (1961), S. 469
JEROCH, H.; HÄHNEL, H.: Tierzucht 17 (1963), S. 184
LEV, M.; FORBES, M.: Brit. J. Nutrit. 13 (1959), S. 78
MÜLLER, Z.: Int. Z. Landwirtsch. 1957, S. 143
RIECHE, A.; MARTIN, D.; SCHADE, W.: Arch. Pharmaz. 296 (1963), S. 770
RAICA, N.; HEYWANG, W.; KEMMERER, A. R.: Food Technol. 10 (1956), S. 56
ROSEN, G. D.; VERNON, I.: Proc. Pfizer Europ. agric. Res. Conf., Lucerne (1960)
SCHARPENSEEL, H. W.: Z. Tierernähr. u. Futtermittelkde. 12 (1957), S. 225
STOCKSTAD, E. L. R.: Anim. Nutrit. Physiol. Rev. 34 (1954), S. 1
STOCKSTAD, E. L. R.; YUKES, Th. H.: Proc. Soc. Exp. Biol. Med. 73 (1950), S. 523
WINTER, A. G.; WILLEKE, L.: Naturwiss. 38 (1951), S. 354 u. 457
WINTER, A. G.; WILLEKE, L.: Naturwiss. 39 (1952), S. 45 u. 236
ZUCKER, H.: Tierphysiol. Tierernähr. u. Futtermittelkde. 19 (1964), S. 236

Anschrift des Verfassers
Prof. Dr. HANS-ALBRECHT KETZ
Institut für Ernährung der Deutschen Akademie der Wissenschaften
1505 Bergholz-Rehbrücke, Arthur-Scheunert-Allee 155

Aus der Forschungsanstalt für Bienenzucht Tälermühle

Rudolf Bährmann, Michał Gromisz und Vladimir Veselý

Merkmalsbeurteilung bei der Zuchtauslese der Honigbiene

Eingegangen: 6. 7. 1965

1. Bedeutung der morphologischen Merkmale

1.1. Einleitung

Für die Steigerung der Leistungsfähigkeit in der Bienenzucht spielt die Zuchtauslese eine hervorragende Rolle. Es werden dabei verschiedene Methoden angewandt. Allen gemeinsam ist eine vergleichende Auswahl nach guten Eigenschaften der Zuchtvölker, die auf wertvolles Erbgut schließen lassen.

Sowohl bei der Benutzung von Belegstationen als auch unter Zuhilfenahme der technischen Besamung ist man daran interessiert, die Begattungsergebnisse nachträglich einer Kontrolle zu unterziehen, um einen gewissen Einblick in die Erbvorgänge zu gewinnen, die in den Generationsfolgen der Zuchtlinien nacheinander ablaufen. Leistungsvergleiche allein führen dabei nicht zum Ziel, da die Leistung der Bienenvölker in erheblichem Maße durch sogenannte äußere Faktoren (Tracht, Witterung, Klima, Betriebsweise, Lage des Bienenstandes usw.) mitbestimmt wird und die erbliche Veranlagung deshalb nicht klar zum Ausdruck kommen kann. Auch solche Volkseigenschaften wie Schwarmtrieb, Sanftmut u. a. sind mitunter von äußeren Einflüssen abhängig, wobei besonders die imkerlichen Arbeiten eine Rolle spielen. Unter Berücksichtigung dieser Gegebenheiten ist schon vor Jahrzehnten bestimmten Körpermerkmalen der Honigbiene besondere Aufmerksamkeit gewidmet worden, die bei den verschiedensten mehr oder weniger erbfesten Populationen eine gewisse Konstanz aufweisen. Besonders deutlich wird das an einigen Körpermerkmalen der vikariierenden Subspecies oder den sogenannten geographischen Rassen Europas (Goetze, 1964). Da die Körpermerkmale nur geringfügig durch Außeneinflüsse verändert werden können (Bährmann, 1964; Gromisz, 1962; Soose, 1954; Wahl, 1963), gewähren sie einen wertvollen Einblick in den Erbgang. Sie können andeuten, ob die Paarung im gewünschten Sinne zwischen den dafür vorgesehenen Gattentieren abgelaufen ist oder nicht; auch erbliche Aufspaltungen lassen sich mit Hilfe der Körpermerkmale kontrollieren. Die Merkmalskontrolle kann also einerseits dazu dienen, Produkte unerwünschter Paarungen zu eliminieren, andererseits ist sie aber auch dazu geeignet, einmal erblich gefestigte Zuchtlinien voneinander zu unterscheiden. Somit kann die Merkmalskontrolle beim Aufbau von Zuchtlinien eine bedeutende Rolle spielen.

1.2. Beschluß der Konferenz leitender Imker der sozialistischen Staaten in Budapest vom 25. VIII.—1. IX. 1964

Im Verlauf der Konferenz, die sich mit Fragen der Koordination auf verschiedenen Gebieten der Bienenzucht zwischen den beteiligten Ländern beschäftigt hat, wurden die Verfasser des vorliegenden Beitrages beauftragt, Vorschläge für eine möglichst einheitliche Methode der Merkmalsprüfung zu erarbeiten, die dazu dienen soll, die Zuchtauslese zu verbessern. Die erarbeiteten vorläufigen Ergebnisse mögen zunächst eine Diskussionsgrundlage darstellen.

1.3. Körpermerkmale der Bienen, denen in der züchterischen Praxis eine Bedeutung zukommt

1.3.1. Die Rüssellänge der Arbeitsbienen: Die Rüssellänge ist von den zur Diskussion stehenden Merkmalen das einzige, das mit der Leistungsfähigkeit der Bienen in direkte Beziehung gebracht werden kann. Die Kenntnis der Rüssellänge ist vor allem in Kleeanbaugebieten von Interesse. Die Rüssellängenmessung kann auf zweifache Weise vorgenommen werden. Man mißt die sogenannte Reichtiefe, indem man den Bienen eine Zucker- bzw. eine Honiglösung in graduierten Röhrchen mit einem bestimmten Durchmesser anbietet. Nach der jeweiligen Reichtiefe läßt sich auf die Rüssellänge schließen. Das zweite Verfahren besteht in der direkten Messung der Rüssellänge, die sich aus Zungenlänge (Z), Länge des Mentums (M) und Länge des Submentums (Sm) (Abb. 1) zusammensetzt. Bereits ALPATOV (1926) hat auf die Bedeutung der Rüssellänge bei der Trennung verschiedener Populationen der Honigbiene hingewiesen. Seitdem ist diesem Merkmale bei der Selektion häufig Beachtung

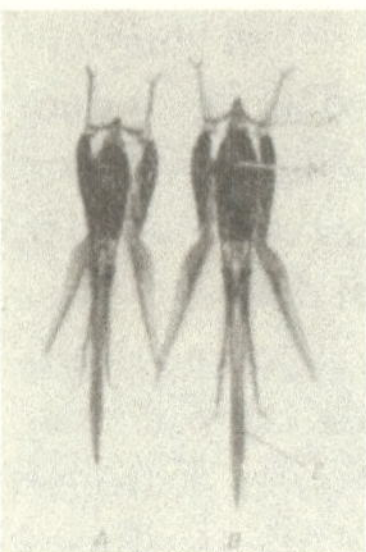

Abb. 1

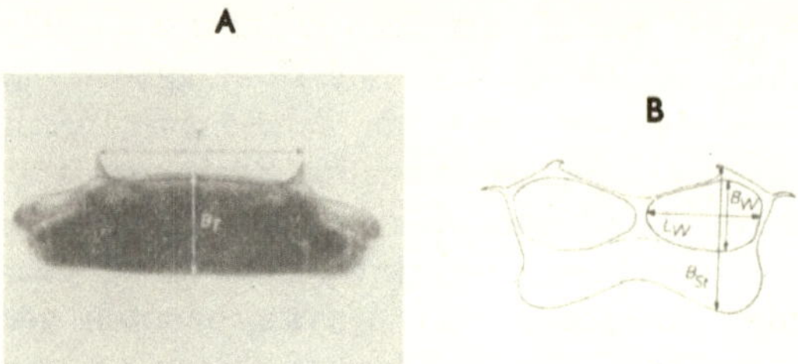

Abb. 2

Abb. 1: Zwei verschieden lange Rüssel von Arbeitsbienen, A: Mellifica-Carnica-Bastard; B: Caucasica. M: Mentum; Sm: Submentum; Z: Zunge. — Photo: VESELÝ

Abb. 2: Bestandteile eines Abdominalsegmentes der Arbeitsbiene, A: Tergit; B: Sternit. Folgende Maße werden bei der Merkmalsbeurteilung ermittelt: B_{St}: Breite des Sternites; B_T: Breite des Tergites; B_W: Wachsspiegelbreite; L_T: Länge des Tergites; L_W: Wachsspiegellänge. — Photo: VESELÝ

geschenkt worden. Nach RUTTNER (1963) beträgt die Rüssellänge der dunklen Mellifica 5,8—6,2 mm; bei langrüsseligen Völkern der Carnica hingegen konnten Rüssellängen von 6,6—6,8 mm gemessen werden. Nach GROMISZ (1961) schwanken die Rüssellängen der lokalen Bienenpopulationen in Polen von 5,96 bis 6,48 mm. Das Standardmaß der Rüssellänge bei der Caucasica kann mit 6,69—7,32 mm (Abchasische Königinnen aus Suchumi (UdSSR), 1962 in die Tschechoslowakei importiert), das der verbreiteten Bastarde zwischen Mellifica und Carnica mit 5,88—6,37 mm (Mittelwerte) angenommen werden. In der Abbildung 1 sind die unterschiedlichen Längen der beiden letztgenannten Typen dargestellt.

1.3.2. Länge und Breite des 3. und 4. Abdominaltergites (nach SNODGRASS) und Breite des 4. Abdominalsternites bei Arbeitsbienen: Die einzelnen Strecken sind gut meßbar (Abb. 2) und bieten in verschiedenen Populationen deutliche Unterschiede (HEJTMÁNEK, 1962). Offensichtlich besteht auch eine Abhängigkeit zwischen geographischer Breite und Körpergröße der Bienen, gemessen an der Summe der Breite des 3. und 4. Abdominaltergites (BORNUS u. GROMISZ, 1963). Bei der merkmalsanalytischen Auswertung von Kreuzungsexperimenten ist die Größe des 4. Abdominaltergites (nach SNODGRASS) ebenfalls von Bedeutung (TOMŠÍK, ŠKROBAL u. VESELÝ, 1962). Die Wachsspiegelflächen besitzen bei Bienen verschiedener geographischer Herkunft eine unterschiedliche Größe (HEJTMÁNEK, 1962). Auch sind z. B. zwischen Carnica und Mellifica Formunterschiede an den Wachsspiegeln nachgewiesen worden (GOETZE, 1964).
Die Oberfläche der Wachsspiegel wird nach folgender, von BORNUS angegebenen Formel bestimmt:

$$\frac{88}{100}\left(\pi \cdot \frac{a\,b}{4}\right)$$

Ehe die Messungen an den Wachsspiegeln durchgeführt werden, ist es vorteilhaft, die Sternite 15—20 Minuten in 10%iger Natronlauge zu erweichen.

1.3.3. Häkchenzahl am Hinterflügel der Arbeitsbienen: Im distalen Bereich der Costa des Hinterflügels befindet sich eine Anzahl Häkchen, die in die Hautfalte am Hinterrand des Vorderflügels eingreifen und während des Fluges eine

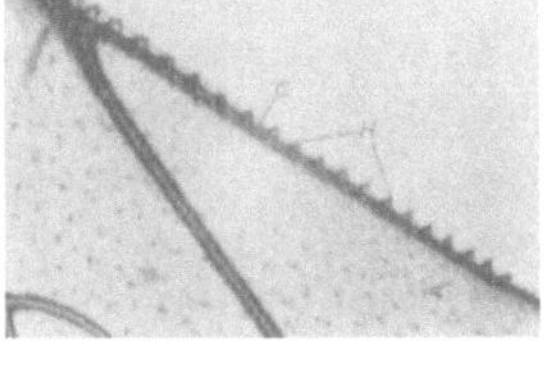

Abb. 3: Vorderrand des Hinterflügels einer Arbeitsbiene; C: Costa; H: Häkchen an der Costa, die während des Fluges in die Hautfalte am Hinterrand des Vorderflügels eingreifen. — Photo: VESELÝ

Verbindung beider Flügel herbeiführen. Die schwankende Anzahl dieser Häkchen (Abb. 3) kann zur Unterscheidung einzelner Populationen dienen. Das Merkmal ist leicht und genau zu bestimmen. Zur Trennung der Subspecies der Honigbiene ist die Häkchenzahl allerdings nicht geeignet (GOETZE, 1964).

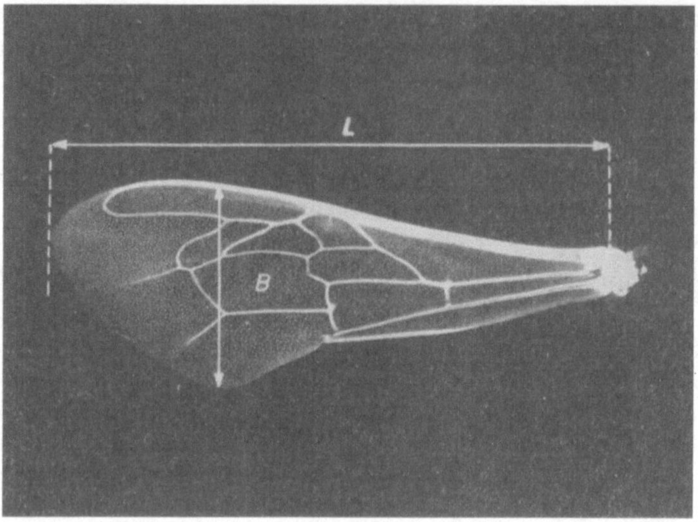

Abb. 4: Vorderflügel einer Arbeitsbiene; B: Breite des Flügels; L: Länge des Flügels. – Photo: BÄHRMANN

1.3.4. Länge und Breite des Vorderflügels (Abb. 4): Die Flügellänge ist ein guter Anzeiger für die Körpergröße der Bienen (GOETZE, 1964). Da Länge und Breite des Vorderflügels verhältnismäßig gut meßbar sind, kommt diesen Merkmalen wiederum ein diagnostischer Wert zu. Nach GROMISZ (1962) sind diese Maße im Sommerhalbjahr jedoch Saisonschwankungen unterworfen, was bei der Analyse dieser Merkmale berücksichtigt werden muß.

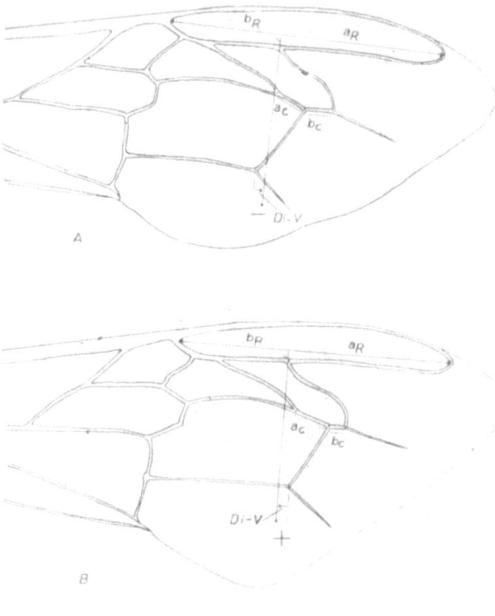

Abb. 5: Drohnenflügel, A: Mellifica; B: Carnica; a_c : b_c = Cubital-Index; a_R : b_R = Radial-Index; Di-V = Discoidal-Verschiebung. – Zeichnung: BÄHRMANN

1.3.5. Cubital-Index bei Arbeitsbienen und Drohnen: Seit GOETZE (1930) den Wert des Cubital-Index (Abb. 5) als rassendiagnostisches Merkmal erkannt und empfohlen hat, ist er an verschiedenen Formen der Honigbiene geprüft und der Wert dieses Merkmals bestätigt worden. Besonders gut lassen sich an Hand des Cubital-Index die beiden Subspecies Carnica und Mellifica voneinander unterscheiden.
Caucasica nimmt offensichtlich eine Mittelstellung ein (Tab. 1). Für die Kontrolle der Zuchtlinien innerhalb der Subspecies ist der Cubital-Index nicht immer brauchbar.

1.3.6. Discoidal-Verschiebung bei Arbeitsbienen und Drohnen: Die Bedeutung der Discoidal- Verschiebung für die Zuchtauslese hat GOETZE (1959) erstmals dargestellt. Wiederum ist damit eine Unterscheidungsmöglichkeit zwischen den einzelnen geographischen Rassen der Honigbiene gegeben. Den besonderen Wert des Merkmals haben LOUIS (1963) und BÄHRMANN (1965) bestätigt. Zu den von GOETZE (1959) ermittelten Schwankungsbereichen der Discoidal-Verschiebung bei Drohnen soll Tabelle 2 eine Ergänzung für Arbeitsbienen und Drohnen verschiedener Populationen geben. Der Tabelle 2 ist zu entnehmen, daß sich die Carnica-Proben durch positive Discoidal-Verschiebung gegen die übrigen Proben abgrenzen lassen, bei denen nur negative Discoidal-Verschiebung auftritt. Die Mittelwerte weichen darüber hinaus aber innerhalb der Subspecies beträchtlich voneinander ab. Möglicherweise ist die Discoidal-Verschiebung daher für eine Linienauslese von besonderem Wert. Die Streuungsbreite ist bei den Einzelwerten der Drohnen viel größer als bei den Arbeitsbienen.

1.3.7. Länge des Überhaares auf dem 6. Abdominaltergit der Arbeitsbienen (Abb. 6): Dieses Merkmal ist vor allem für den Carnica-Züchter wertvoll, da sich reinrassige Carnica-Bienen stets durch kurzes Überhaar auszeichnen, während Bastarde zwischen Carnica und Mellifica oder reine Mellifica-Formen mehr oder weniger langes Überhaar aufweisen, das schon sogleich nach einer Fremdpaarung in Erscheinung tritt (BÄHRMANN, 1964; RUTTNER, 1963). Aus den praktischen Züchtungsergebnissen läßt sich mit einiger Wahrscheinlichkeit folgern, daß kurzes Überhaar rezessiv, langes dagegen dominant vererbt wird.

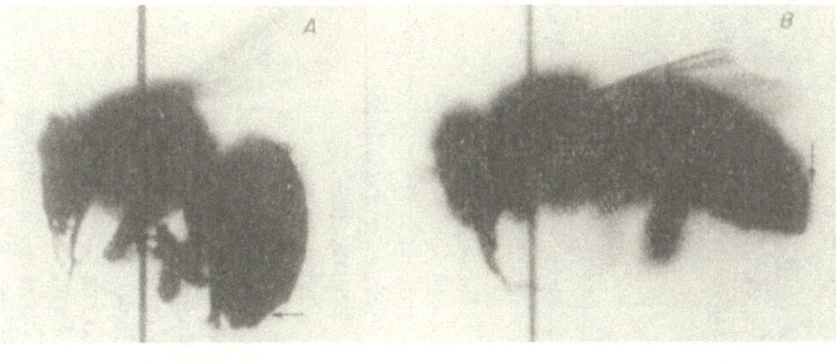

Abb. 6: Seitenansicht einer Arbeitsbiene; A: Biene mit kurzem Überhaar (Pfeil); B: Biene mit langem Überhaar (Pfeil). — Photo: BÄHRMANN

Tabelle 1

Meßergebnisse des Cubital-Index bei Arbeitsbienen und Drohnen verschiedener wirtschaftlich bedeutsamer Zuchtstämme und Subspecies

Rasse/Zuchtstamm	Herkunft	n	$\bar{x}$	m	s	n	$\bar{x}$	m	s
Mellifica Mittelland	Mitteldeutschland	641	1,60	±0,010	±0,252	631	1,26	±0,013	±0,318
Mellifica Nigra	Mecklenburg	619	1,70	±0,010	±0,242	604	1,31	±0,011	±0,270
Mellifica Nigra	Thüringen	617	1,70	±0,011	±0,268	491	1,30	±0,012	±0,262
Carnica	verschiedene Orte der DDR	628	2,79	±0,019	±0,464	627	2,06	±0,018	±0,444
Caucasica	Abchasien, UdSSR	287	2,06	±0,021	±0,352	199	1,70	±0,022	±0,309

Tabelle 2

+ bzw. — Discoidal-Verschiebung bei Arbeitsbienen und Drohnen in mm

Rasse/Stamm	Arbeitsbienen				Drohnen			
	n	$\bar{x}$	m	s	n	$\bar{x}$	m	s
Carnica — Schleswig-Holstein	44	+0,15	±0,0117	±0,077	34	+0,07	±0,0315	±0,184
Carnica — Thüringen	53	+0,05	±0,0181	±0,132	85	+0,15	±0,0181	±0,167
Carnica — Thüringen	74	+0,14	±0,0125	±0,107	95	+0,04	±0,0284	±0,277
Carnica — Kärnten	11	+0,16						
Landrasse/Carnica-Bastard	158	—0,006	±0,0113	±0,143				
Mellifica/Mittelland-Mitteldeutschland	13	—0,05			184	—0,19	±0,0138	±0,188
Mellifica/Mittelland-Mitteldeutschland	167	—0,003	±0,0067	±0,086	111	—0,17	±0,0194	±0,204
Mellifica/Nigra — Thüringen	57	—0,06	±0,0198	±0,149	42	—0,25	±0,0571	±0,370
Mellifica/Nigra — Thüringen	96	—0,0003	±0,0101	±0,099				
Mellifica/Nigra — Thüringen	329	—0,03	±0,0061	±0,110	130	—0,18	±0,0268	±0,306
Mellifica/Nigra — Mecklenburg	167	—0,07	±0,0091	±0,117	26	—0,40	±0,0506	±0,258
Mellifica — Schweiz					9	—0,20		
Caucasica-Abchasien, UdSSR	162	—0,06	±0,009	±0,119	82	—0,21	±0,0010	±0,009
Carnica/Caucasica-Bastard	45	—0,11	±0,0264	±0,176	25	—0,21	±0,0426	±0,213

In solchen Zuchtlinien, bei denen sich die Arbeitsbienen regelmäßig durch kurzes Überhaar auszeichnen, können die folgenden Generationen mit ziemlicher Wahrscheinlichkeit als erbtreu betrachtet werden, wenn das kurze Überhaar bei einer entsprechend großen Anzahl von Arbeitsbienen immer wieder in Erscheinung tritt.

1.3.8. Breite der Filzbinden (Tomentbinden) auf dem 4.—5. Abdominaltergit der Arbeitsbienen: Die Filzbindenbreite (Abb. 7) läßt sich leicht schätzen, wenn man sie in vier Gruppen einteilt (siehe unten). Das Merkmal ist wegen seiner einfachen Bestimmbarkeit in der züchterischen Praxis recht beliebt. Tatsächlich vermag die Filzbindenbreite jedoch bei der Züchtung der Carnica nicht soviel auszusagen wie beispielsweise die Länge des Überhaares; denn die für die Carnica typische Filzbindenbreite wird sicherlich nicht rezessiv vererbt. Anders ist es bei der Mellifica. „Rein" gepaarte Königinnen bringen fast ausschließlich Arbeiterinnen mit schmalen, also in dem Falle rassetypischen Filzbinden hervor.

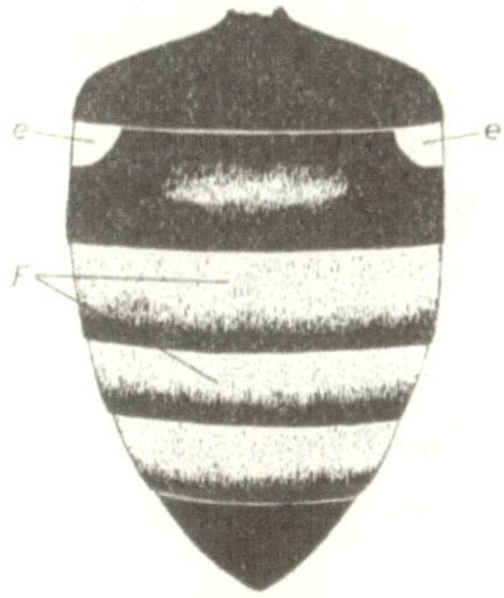

Abb. 7

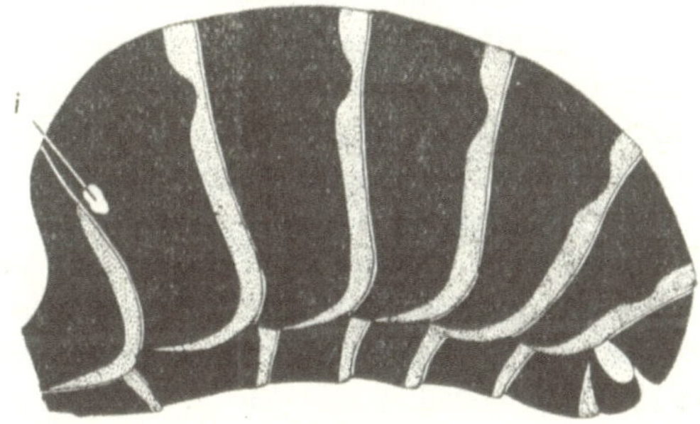

Abb. 8

Abb. 7: Rückenansicht des Abdomens einer Arbeitsbiene; e: gelbe Ecken am dritten Abdominaltergit; F: Filzbinden. — Zeichnung: BÄHRMANN

Abb. 8: Seitenansicht des Abdomens einer Drohne; i: inselartige Aufhellung am dritten Abdominaltergit. — Zeichnung: BÄHRMANN

1.3.9. Färbung des Chitinpanzers bei Arbeitsbienen und Drohnen (Abb. 7 u. 8) Stellenweise sind die im proximalen Bereich des Abdomens gelegenen Tergit aufgehellt; sie können aber auch gänzlich gelb gefärbt sein, z. B. bei *Apis m. ligustica*. Um Carnica- von Ligustica-Formen trennen zu können, wird u. a die Färbung des Chitinpanzers bei der Zuchtauslese mit berücksichtigt. Im übrigen kommt aber diesem Merkmal zumindest in der DDR keine allzu große Bedeutung zu, wenn über den Grad der Reinpaarung entschieden werden soll; bei der Linienzucht jedoch kann die Panzerfärbung eine Rolle spielen.

Seltener als bei Arbeitsbienen treten bei Drohnen Aufhellungen an den Abdominaltergiten auf, und zwar in Form sogenannter Inseln, was bei den hier berücksichtigten Subspecies hauptsächlich für Carnica zutrifft. Bei den in Polen heimischen Populationen ist die Färbung des 3. und 4. Abdominaltergites von

Wichtigkeit. Es werden vorteilhafterweise fünf Farbstufen unterschieden: hell (j), hellbraun (jb), braun (b), dunkelbraun (bc), schwarz (c). Die Ausbreitung der dunklen Färbung wird in Prozent bezogen auf die Gesamtbreite der Tergite angegeben.

1.3.10. Brusthaarfarbe, insbesondere bei Drohnen: Dieses Merkmal besitzt vor allem bei der Auswahl von Vatervölkern für die Belegstellen einen gewissen Wert, der aber nicht an den der Merkmale 1.3.1. bis 1.3.7. heranreicht.

2. Methodik

2.1. Zur Präparation des Untersuchungsmaterials

Um eine möglichst große Sicherheit bezüglich der Herkunft des Bienenmaterials, das untersucht werden soll, zu gewährleisten, läßt man die Bienen im Wärmeschrank schlüpfen. Es hat sich als günstig erwiesen, die Proben im August oder September zu entnehmen. Einige Tage nach dem Schlupf sind die Tiere soweit ausgefärbt, daß die Merkmalskontrolle durchgeführt werden kann. Besteht keine Möglichkeit, die Bienen im Wärmeschrank zum Schlüpfen zu bringen, sollten für die Untersuchungen aber ebenfalls nur Jungbienen verwendet werden, bei denen man annehmen darf, daß sie dem Volk, aus dem sie entnommen wurden, auch nicht etwa zugeflogen sind. Die Drohnen müssen hingegen hinter einem Absperrgitter schlüpfen, damit tatsächlich keine zugeflogenen, sondern nur volkseigene Tiere beurteilt werden. Wird auf die Untersuchung der Behaarung kein Wert gelegt, tötet man die Bienen am besten in kochendem Wasser. Zuvor werden sie mit CO_2 oder mit Äther betäubt. Bis zur weiteren Bearbeitung bewahrt man sie in 70%igem Alkohol auf.

Das Abtöten der Bienen in kochendem Wasser hat den Vorteil, daß dabei die Rüssel gestreckt werden und für die Bestimmung der anatomischen Rüssellänge meist gut verwertbar sind. Bei anderen Abtötungsverfahren ist das nicht immer der Fall.

Will man die Behaarung der Bienen kontrollieren, dürfen sie weder in Wasser noch in Alkohol gebracht werden, da sonst die Haare verkleben. Man bringt die Bienen am besten in das Tiefkühlfach eines Kühlschrankes und tötet sie dort ab. Danach werden sie in trockenem Zustande aufbewahrt. Die Bienen sollten aufgenadelt werden. Dabei führt man die Insektennadel von der Kehlhaut der Biene längs durch den ganzen Körper, damit die Behaarung und vor allem die Tomentbinden gut sichtbar sind.

Sind statistische Auswertungen der Meßergebnisse erforderlich, wird zusätzlich zum Mittelwert ($\bar{x}$) noch die Standardabweichung oder Streuung (s) berechnet.

$$s = \sqrt{\frac{\Sigma (\bar{x} - x)^2}{n - 1}}$$

Daraus ergibt sich der mittlere Fehler des Mittelwertes (m) als

$$m = \frac{s}{\sqrt{n}}\,.$$

Ferner ist es oftmals von Vorteil, auch den Variabilitätskoeffizienten (v) nach PEARSON zu berechnen; dies geschieht nach der Formel

$$v = \frac{s \times 100}{\bar{x}}.$$

Dabei ist n die Anzahl der gemessenen Werte und $\Sigma (\bar{x} - x)^2$ die Summe der Abweichungsquadrate.

2.2. Beurteilung der Merkmale

Um eine Merkmalsbeurteilung sinnvoll anzuwenden, genügt es nicht, nur eine kleine Anzahl, vielleicht 20—30 Arbeitsbienen und Drohnen zu untersuchen. Die oben beschriebenen Körpermerkmale unterliegen immer bestimmten Schwankungen, ausgelöst durch die erblich bedingte Reaktionsnorm oder durch äußere Einflüsse, wie ebenfalls schon beschrieben worden ist. Es ist sehr vorteilhaft für die Sicherheit des Ergebnisses, wenn zur Kontrolle mindestens 50 Arbeitsbienen und Drohnen herangezogen werden. Dadurch kann man Zufallsergebnisse bis zu einem gewissen Grade ausschalten. Bei guten Zuchtvölkern sollte eine Merkmalsbeurteilung einmal oder öfter wiederholt werden.

Wie bereits angedeutet, muß man den einzelnen Merkmalen teilweise einen unterschiedlichen Wert beimessen. Eine besondere Bedeutung kommt den Körpermerkmalen 1.3.1. bis 1.3.7. zu, da sie sich im allgemeinen unschwer messen lassen. Geeignet ist dafür ein Mikroskop und ein dazu gehöriges Meßokular. Messungen können aber auch durch Projektion der Merkmale mittels eines Bildwerfers durchgeführt werden, das gilt z. B. für die Flügelmerkmale. Man sollte dabei aber über eine 30fache Vergrößerung nicht hinausgehen, da sonst die Ungenauigkeiten beim Abmessen der einzelnen Aderstrecken zu groß werden.

Die Rüssellängenmessung: In der Praxis hat sich in erster Linie die anatomische Rüssellängenmessung durchgesetzt. Dabei wird die Länge von Zunge, Mentum und Submentum gemessen. Die Rüssel werden nach dem Herauspräparieren aus den Bienenköpfen zwischen Glasplatten gelegt und auf einen Bildschirm projiziert. Die Messung erfolgt auch hier ungefähr bei 30facher Vergrößerung.
Die Abmessungen an den Bauch- und Rückenschuppen werden so vorgenommen, wie in Abbildung 2 dargestellt.
Die Anzahl der Häkchen an der Costa des Hinterflügels kann bereits bei einer schwachen Vergrößerung (15—20fach) festgestellt werden, sie läßt sich aber auch bei einer stärkeren Vergrößerung durch Projektion bestimmen.
Länge und Breite des Vorderflügels: Diese beiden Maße können durch Projektion der Flügel, wie nachfolgend beschrieben, oder mit Hilfe eines Meßokulars mikroskopisch ermittelt werden. Die entsprechenden Abmessungen sind der Abbildung 4 zu entnehmen.
Merkmale im Flügelgeäder: Das Messen des Cubital-Index erfolgt in der Praxis am besten mit Hilfe der Projektionsmethode. 50 Flügel (entweder nur rechte oder nur linke Flügel) werden zwischen zwei Glasplatten gelegt und nacheinander projiziert. Über eine Umrechnungstabelle, deren Werte sich nach der Ver-

größerung des Index richten, lassen sich die Index-Werte nach dem Messen der beiden Aderstrecken *a* und *b* (Abb. 5) sofort ermitteln. Das Arbeiten mit dem Projektionsgerät ermüdet nicht so wie das Bestimmen der Indices unter dem Mikroskop. Besondere Aufmerksamkeit wird den in aufeinanderfolgenden Generationen errechneten Mittelwerten der Cubital-Indices geschenkt; das gleiche gilt auch für die Streuungsbreite der Index-Werte, die bei den einzelnen Bienenproben festgestellt wird. Brauchbare Klasseneinteilungen für die statistische Bearbeitung der Index-Werte haben DREHER (1950) und RUTTNER (1963) empfohlen. Bei der Ermittlung der Discoidal-Verschiebung wird am besten nach den von GOETZE (1959) oder LOUIS (1963) vorgeschlagenen Methoden verfahren.

Die Länge des Überhaares bei Arbeitsbienen auf dem 6. Abdominaltergit: Häufig wird die „Haarlänge" in der Praxis nur schätzend beurteilt; drei Stufen der Haarlänge lassen sich gut voneinander unterscheiden: kurz (k) (<0,35 mm), mittellang (m) (0,35—0,45 mm), lang (l) (>0,45 mm). Für die Züchtung und Reinerhaltung der Carnica ist es wichtig, kurzes von mittellangem bzw. langem Überhaar unterscheiden zu können. Für das schätzende Verfahren gilt: Kurz ist das Überhaar, wenn es nicht so lang ist wie der Durchmesser durch das zweite Tarsalglied des dritten Beinpaares, mittellang, wenn es die Breite dieses Tarsalgliedes an Länge erreicht und lang, wenn die Länge des Haares über die Breite des zweiten Tarsalgliedes hinausgeht. Zudem zeichnet sich kurzes Überhaar meist durch eine mehr oder weniger gleichmäßige Länge des Haarbesatzes auf dem gesamten Tergit aus; das trifft für mittellanges oder langes Überhaar nicht zu. Um auch bei der Beurteilung dieses Merkmals möglichst exakt vorzugehen, wird man die Haarlänge messen, soweit das durchführbar ist. Man kann dazu wiederum ein Projektionsgerät zu Hilfe nehmen (Abb. 6). Entscheidend ist, daß die Bienen genau im Profil projiziert werden.

Die Filzbindenbreite auf dem 4.—5. Abdominaltergit kann man, wie die Haarlänge, schätzend ermitteln. Dabei wird die Breite der Tomentbinden auf die Gesamtbreite der Tergite bezogen. Nimmt die Breite der Filzbinden weniger als ¼ der Gesamtbreite der Tergite ein, werden die Binden als sehr schmal (f) bezeichnet, als schmal (ff), wenn sie 25—40%, als breit (F), wenn sie 45—65% und als sehr breit (FF), wenn sie mehr als 65% der Gesamtbreite der Tergite einnehmen. In der Carnica-Zucht ist es wichtig, zwischen breiten und schmalen Filzbinden unterscheiden zu können.

Färbung des Chitinpanzers bei Arbeitsbienen und Drohnen: Aufhellungen am Abdomen werden dann berücksichtigt, wenn am Vorderrand des 3. Abdominaltergites einseitig oder auf beiden Körperseiten die gelben bzw. gelbbraunen Stellen im sonst dunklen Chitinpanzer bei normaler Haltung des Abdomens nicht durch das 2. Tergit überdeckt werden. Die Inseln bei Drohnen (i) befinden sich ebenfalls am 3. Abdominaltergit, sie sind aber weiter lateral gelegen als die gelben Ecken bei Arbeitsbienen. Die gelbliche Panzerzeichnung kann meist schon mit bloßem Auge erkannt werden. Eine 10fache Vergrößerung verhilft allerdings zu einem deutlicheren Bild.

Bei der Brusthaarfarbe der Drohnen lassen sich bequem die Farbstufen gelb (ge), braun (br), schwarz (sch) voneinander unterscheiden. Ferner tritt besonders bei *Apis m. carnica* eine Reihe von Graustufen (gr) auf, die der Züchtungspraxis Anhaltspunkte bei der Auslese bieten. Die Beurteilung der Brusthaarfarbe sollte möglichst bei diffusem Tageslicht vorgenommen werden.
Um das Ergebnis der Merkmalsbeurteilung in knapper Form darstellen zu können, bedient man sich einer formelmäßigen Schreibweise. Mit dieser Merkmalsformel wird ein Überblick über das Merkmalsbild (Panzerfärbung, Haarfarbe, Filzbindenbreite, Haarlänge, Cubital-Index) der untersuchten Arbeitsbienen und Drohnen gegeben, z .B.:

$$\frac{n = 100 \quad \text{O : i,} \quad \text{gr : ge,} \quad \varnothing\ 2{,}0\ (1{,}5-2{,}7)}{n = 100 \quad \text{o : e,} \quad \text{F : ff,} \quad \text{k : m,} \quad \varnothing\ 2{,}5\ (2{,}0-3{,}2)}$$

Über dem Bruchstrich sind die Werte für die Drohnen, darunter diejenigen für die Arbeitsbienen dargestellt, wobei es sich in unserem Beispiel jeweils um Mittelwerte von 100 geprüften Tieren handelt. Zur Vervollständigung dieser Angaben kann man die ermittelten Prozentzahlen noch hinzufügen. Hinter den Durchschnittswerten für die Cubital-Indices ist in Klammern für die Arbeitsbienen und Drohnen noch die Variationsbreite angegeben. Wenn erforderlich, können diese Angaben noch durch die Streuungsbreite (s) und den mittleren Fehler des Mittelwertes (m) sowie den Variationskoeffizienten (v) ergänzt werden.

2.3. Spezialmethode zur schnellen Ermittlung der Rassenzugehörigkeit einer Bienenprobe

Wenn es notwendig ist, bei Feldversuchen einzelne Bienen schnell auf ihre Rassezugehörigkeit zu prüfen, sollte man die Tiere in einem Tötungsglas mit Essigäther abtöten. In das Glas bringt man zurvor Streifen aus Filtrierpapier, damit sich die gefangenen Bienen nicht gegenseitig beschmutzen. Durch das Filtrierpapier wird die beim Erbrechen des Honigblaseninhaltes austretende Flüssigkeit aufgesogen, und die Bienen bleiben weitgehend sauber. Mit einer Handlupe lassen sich folgende Merkmale sofort ungefähr bestimmen und erlauben die Zuordnung zu einer der fraglichen Subspecies: Cubital-Index, Länge des Überhaares, Filzbindenbreite, Panzerfärbung, Färbung des Brusthaares.

3. Diskussion

Eine Züchtung, die auf der Grundlage der vorhandenen geographischen Vikarianten der Honigbiene aufgebaut wird, muß die charakteristischen Merkmale der einzelnen Vikarianten für die Auslese nutzbar machen. Neben einer Fülle verschiedener Eigenschaften im Verhalten und der Volksstärke im Laufe des Jahres sind für die Zuchtauslese die beschriebenen Merkmale so wichtig, weil sie mehr oder weniger leicht meßbar oder wenigstens leicht abzuschätzen sind. Zu bedenken wäre, ob in diesem Zusammenhang nicht auch der Veränderung des Brutumfanges im Laufe des Sommerhalbjahres erhöhte Beachtung geschenkt werden sollte. Eine brauchbare Meßmethode empfiehlt Fresnaye

(1962). Da der Honigertrag der Völker nur zum Teil die erbliche Veranlagung zum Ausdruck bringen kann, im übrigen aber durch äußere Faktoren (Tracht, Witterung, Klima u. a.) in beträchtlichem Maße beeinflußt wird, liefert er für den Erbgang innerhalb der Zuchtlinien nur bedingt brauchbare Vergleiche.

Die unter 1.3. aufgeführten Merkmale lassen eine klare Abgrenzung zwischen *Apis m. mellifica* und *Apis m. carnica* zu. Für beide Subspecies konnte in der DDR ein Standard erarbeitet werden, der ausschließlich der züchterischen Praxis dienen soll; es sind daher auch nur diejenigen Merkmale aufgenommen, die notfalls durch Schätzung ermittelt werden können:

Zulässige Variationsbreite der Merkmale für Mellifica

Arbeitsbienen	Panzerzeichen		Haarlänge		Filzbinden		Cubital-Index
Merkmalsgruppe	o	e	l	m	f	ff	∅
zulässiger %-Satz	100	80	100	70	100	60	<1,9

Drohnen	Panzerzeichen		Haarfarbe		Cubital-Index
Merkmalsgruppe	0	i	sch	br	∅
zulässiger %-Satz	100	10	50	100	<1,5

Zulässige Variationsbreite der Merkmale für Carnica

Arbeitsbienen	Panzerzeichen		Haarlänge		Filzbinden			Cubital-Index
Merkmalsgruppe	o	e	m	k	ff	F	FF	∅
zulässiger %-Satz	100	80	30	100	70	100	100	>2,3

Drohnen	Panzerzeichen		Haarfarbe			Cubital-Index
Merkmalsgruppe	0	i	br	ge	gr	∅
zulässiger %-Satz	100	10	20	80	100	>1,6

Diese Angaben sind den Richtlinien für das Zuchtwesen der Zentralen Fachkommission Imker der Kreisverbände der Kleingärtner, Siedler und Kleintierzüchter – Herausgeber Zentrale Fachkommission, Imker, Berlin C 2 – entnommen.

Für Zuchtvölker in Polen wird hinsichtlich der Körpermerkmale der Bienen folgendes gefordert:

Rüssellänge	>6,09 mm	v < 2,0%
Breite der Abdominaltergite 3+4	>4,75 mm	v < 3,0%
Cubital-Index*		v < 13,0%
Breite des Vorderflügels	>3,10 mm	v < 3,2%
Länge des Vorderflügels	>9,25 mm	v < 3,1%
Farbstufe des 3. und 4. Abdominaltergites in % (dunkel) bezogen auf die Gesamtbreite des jeweiligen Tergites	>60%	

* Nach ALPATOV: $\frac{b}{a} \times 100$ = Cubital-Index in %; v, Variabilitätskoeffizient in %.

In Polen lassen sich nach diesem Standard zwei Gruppen von Populationen unterscheiden, *Apis mellifica* (74% der 389 untersuchten Völker), die restlichen 26% der beurteilten Völker sind der *Apis m. carnica* ziemlich ähnlich.

Für den *Mellifica*-Typ gilt folgendes Merkmalsbild (Durchschnittswerte):
Rüssellänge: 6.117 mm
Breite des 3. und 4. Abdominaltergites: 4.883 mm
Cubital-Index: 60.4 (nach ALPATOV)
Länge und Breite des Vorderflügels: 9.352 und 3.164 mm
Breite des 4. Abdominalsternites: 2.709 mm
Wachsspiegelfläche (4. Sternit rechts): 2.705 mm^2
Häkchenzahl am Hinterflügel (rechts): 20.6.

Für den Carnica-Typ gilt folgendes Merkmalsbild (ebenfalls Durchschnittswerte):
Rüssellänge: 6.239 mm
Breite des 3. und 4. Abdominaltergites: 4.760 mm
Cubital-Index: 59.8 (nach ALPATOV)
Länge und Breite des Vorderflügels: 9.369 und 3.173 mm
Breite des 4. Abdominalsternites: 2.761 mm
Wachsspiegelfläche (4. Sternit rechts): 2.752 mm^2
Häkchenzahl am Hinterflügel (rechts): 20.8.

In Polen ist man bemüht, die Anzahl der Körpermerkmale, die bei der Merkmalskontrolle Verwendung finden, zu reduzieren, und zwar vor allem auf: Rüssellänge, Breite des 3. und 4. Abdominaltergites und den Cubital-Index.

Die vorgegebene Variationsbreite der Merkmale erlaubt eine vielfältige Kombinationszucht, so daß Inzuchtschäden nicht befürchtet werden müssen, wenn bei der Auslese nach dem Standard verfahren wird. Es lassen sich ohne weiteres klar voneinander abgrenzbare Zuchtstämme bilden, was im Falle von „Nigra" und „Mittelland" bereits geschehen ist (BÄHRMANN, 1964). Über die Frage der Korrelation der einzelnen Merkmale zueinander besteht wenig Klarheit. Nach GOETZE (1961) kann man „bei einer Reinzuchtsippe aus den Flügelmerkmalen bis zu einem gewissen Grade auf die Veranlagung der Rüssellänge schließen" (S. 248). Nach KUNZE (1956) korrelieren bei Carnica Flügellänge und Flügelbreite miteinander, die Flügelhäkchen hingegen stehen zu keinem der von ihr untersuchten Merkmale in korrelativer Beziehung. Es ist möglich, daß die Größe der Tergite und damit die Größe der Bienen in Verbindung zur Größe der Honigblase gebracht werden kann. Ob ein Zusammenhang zwischen Größe der Honigblase und Honigertrag besteht, ist aber fraglich.

Für die züchterische Arbeit sind neben den Reinzuchtbestrebungen die verschiedenen Möglichkeiten der Kreuzungszucht von großer Bedeutung. Bei Linien-, Stammes- oder Rassenkreuzung treten bestimmte Merkmale heterozygot in Erscheinung. Über die Variabilität der entsprechenden Merkmale läßt sich mit Hilfe des Variabilitätskoeffizienten (v) leicht eine Übersicht ver-

Tabelle 3

Variabilitätskoeffizienten (in %) einzelner morphologischer Merkmale der Nachkommen (Arbeitsbienen) von Königinnen, die unterschiedlich besamt worden sind (n = 50)

Morphologische Merkmale	Länge des 3. Tergites	Breite des 3. Tergites	Rüssellänge	Länge des Vorderflügels	Breite des Vorderflügels	Cubital-Index	Häkchen des Hinterflügels
Die Königinnen wurden begattet:							
Natürliche Paarung	3,28	5,13	2,49	1,62	2,56	14,94	7,99
	4,17	3,69	2,43	1,51	2,73	15,94	7,39
	3,37	5,49	2,81	1,59	2,53	13,77	9,22
	2,82	4,90	2,34	1,37	4,16	16,90	9,75
Durchschnitt	3,41	4,80	2,52	1,52	2,99	15,39	8,59
Künstlich mit 5 Drohnen	1,79	1,92	1,93	1,39	2,51	16,10	6,49
in 2 Etappen	2,09	2,69	1,55	1,36	1,89	20,12	5,85
Durchschnitt	1,94	2,31	1,74	1,38	2,20	18,11	6,17
Künstlich mit 2 Drohnen auf einmal	1,88	1,58	1,41	0,96	1,24	11,17	7,51
Künstlich mit einer Drohne	1,73	2,96	1,23	1,01	1,86	8,33	7,30
Bruder/Schwester-Paarung)	1,56	2,53	1,16	0,94	2,02	9,70	6,06
	1,81	1,78	1,00	0,72	2,26	8,69	6,26
Durchschnitt	1,70	2,42	1,13	0,89	2,05	8,91	6,54

schaffen (Tab. 3). Berücksichtigt wurden in unserem Falle: Rüssellänge, Länge und Breite des 3. Abdominaltergites, Länge und Breite des Vorderflügels, Cubital-Index, Häkchenzahl am Hinterflügel bei Arbeitsbienen. Untersucht wurden jeweils 50—100 Nachkommen von Königinnen, die unter verschiedenen Bedingungen mit dem Sperma einer unterschiedlich großen Anzahl von Drohnen besamt worden waren. Der Variabilitätskoeffizient nimmt mit Abnahme der bei der Besamung verwandten Drohnenzahl ebenfalls ab. Am kleinsten ist er bei vier der sieben Merkmale im Falle der Bruder-Schwester-Paarung. Folge der Inzucht ist daher auch eine Abnahme der Heterozygotie. Bei den Versuchen wurden nur Königinnen gleicher Herkunft benutzt. Die Experimente sind in der Station für Bienenzucht in Lednice (Moravia/Tschechoslowakei) durchgeführt worden.

Die für die Zuchtauslese wertvollen Körpermerkmale wurden nach den in der ČSSR, der DDR und in Polen bisher gewonnenen Erfahrungen beschrieben und über ihren Wert einiges gesagt, ohne daß damit ein abschließendes Urteil erreicht worden wäre. Es ist vielmehr zu erwarten, daß durch weitere morphologische Untersuchungen die bisherigen Erkenntnisse verbessert werden können.

Zusammenfassung

Es wird die Bedeutung der Merkmalsprüfung bei der Zuchtauslese zum Ausdruck gebracht und dem Beschluß der Konferenz leitender Imker der sozialistischen Staaten vom 25. VIII.—1. IX. 1964 in Budapest entsprechend eine Untersuchung derjenigen Körpermerkmale bei Arbeitsbienen und Drohnen durchgeführt, die eine Beurteilung in der züchterischen Praxis rechtfertigen. Der unterschiedliche Wert und die Bestimmbarkeit der Merkmale werden diskutiert.

Für *Apis m. mellifica* und *Apis m. carnica* kann ein Merkmalsstandard angegeben werden, der zunächst die Merkmale berücksichtigt, die sich beim praktischen Arbeiten notfalls ohne Meßinstrumente schätzend ermitteln lassen. Die unterschiedliche Variabilität heterozygoter Merkmale wird bei unterschiedlichen experimentellen Bedingungen an künstlich besamten im Vergleich zu natürlich begatteten Königinnen dargestellt.

Резюме

Отмечается значение проверки признаков при отборе пчел для размножения. В соответствии с решением, принятым на Будапештской конференции ведущих пчеловодов социалистических стран от 25 августа до 1 сентября 1964 года, основательно исследуются у рабочих пчел и трутней те признаки тела, которые привлекаются к оценке в практической селекционной работе. Обсуждается различная ценность и определяемость признаков. Для Apis m. mellifica и Apis m. carnica может быть указан стандарт, который в первую очередь учитывает признаки, допускающие при практической работе оценку — в случае надобности и без измерительных приборов. На потомках пчелиных маток, осемененных искусственно в различных экспериментальных условиях, излагается различная изменчивость гетерозиготных признаков по сравнению с потомками естественно оплодотворенных пчелиных маток.

Summary

The importance of character testing in selective breeding is underlined, and an examination is carried out as to those physical characteristics of working-bees and drones which might justify classification in breeding practice, on the basis of a resolution adopted by the Bee-keepers' Conference of the Socialist Countries, Budapest, August 25th to September 1st, 1964. Varying values and assessability of characteristics are discussed. Character standards which might be determined with no measuring instruments, i. e. by estimation, in practical work can be given for Apis m. mellifica and Apis m. carnica. Differing variability of heterozygotic characteristics is described by a comparison between artificially inseminated and naturally copulated queens which were subjected to varying experimental conditions.

Literatur

ALPATOV, W. W.: Über die Verkleinerung der Rüssellänge der Honigbiene vom Süden nach dem Norden hin. – Zool. Anz. 65 (1926), S. 103–111

BÄHRMANN, R.: Die Körung der Honigbiene – Ergebnisse und Probleme. – Dt. Bienenwirtsch. 15 (1964), S. 190–193

BÄHRMANN, R.: Merkmalsstudien und infraspezifische Verwandtschaftsverhältnisse bei *Apis mellifica* L. – Z. Bienenforsch. 8 (1965), S. 17–47

BORNUS, L.: Badania nad zaleznościa wielkości lusterka woskowego od wielkości pszczoły. – Pszczeln. Zesz. Nauk. IV (1960), S. 73–86

BORNUS, L.: Pomiary wielkości pszczoły i niektórych cześci jej ciała. – Pszczeln. Zesz. Nauk. IV (1960), S. 175–182

BORNUS, L.: Na czym polega opis linii hodowlanych pszczół. – Pszczelarstwo 12 (1961), S. 65–67

BORNUS, L.: Ocena wartości uzytkowo – hodowlanej pszczół metoda punktacji. – Pszczelarstwo 12 (1961), S. 161–163

BORNUS, L.: Jednolity system hodowli zarodowej pszczół. Warszawa, Centrala Spółdzielni Ogrodniczych, 1964

BORNUS, L.; GROMISZ, M.: (Correlation between the size of honeybees according to the latitude). – Pszczeln. Zesz. Nauk. VII (1963), S. 49–61

DREHER, K.: Beiträge zur Merkmalsuntersuchung der Honigbiene. – Z. Bienenforsch. 1 (1950), S. 17–23

FRESNAYE, J.: Un appareil pour le calcul rapide des surface de couvain dans les ruches. – Ann. Abeille 5 (1962), S. 145–153

GOETZE, G.: Variabilitäts- und Züchtungsstudien an der Honigbiene mit besonderer Berücksichtigung der Langrüsseligkeit. – Arch. Bienenkde. XI (1930), S. 185 bis 279

GOETZE, G.: Die Bedeutung des Flügelgeäders für die züchterische Beurteilung der Honigbiene. – Z. Bienenforsch. 4 (1959), S. 141–148

GOETZE, G.: Reinpaarungs-Prüfung an einer Honigbienensippe bekannter quantitativer Merkmale. – Z. Bienenforsch. 5 (1961), S. 243–248

GOETZE, G.: Die Honigbiene in natürlicher und künstlicher Zuchtauslese. – Beihefte Z.angew. Entom. Nr. 19, 1964

GROMISZ, M.: (Die Variabilität der Rüssellänge der Bienen in Polen). – Pszczeln. Zesz. Nauk. V (1961), S. 1–31

GROMISZ, M.: (Saisonvariabilität der Flügelmaße und des Cubital-Index der Honigbiene, *Apis mellifica* L.). – Pszczeln. Zesz. Nauk. VI (1962), S. 113–120

GROMISZ, M.: Zmienność długości jezyczka pszczół w Polsce w zależności od szerokości geograficznej. – Pszczeln. Zesz. Nauk. VII (1963), S. 15–22

HEJTMÁNEK, J.: (Das Exterieur von Zuchtlinien der slowakischen Bienen). – Polnohospodárstvo IX (1962), S. 295–309

KUNZE, G.: Untersuchungen über die Variabilität zweier Rassen von Apis mellifica L. sowie ihrer Kreuzung unter Anwendung der graphischen Form- und Korrelationsanalyse. – Z. Morph. Ökol. Tiere 44 (1956), S. 269–328

LOUIS, J.: Étude de la translation du point discoidal (Discoidalverschiebung) de l'abeille (*A. mellifica* L.). – Ann. Abeille 6 (1963), S. 303–320

RUTTNER, F.: Die Zuchtauslese bei der Biene. – NÖ. Imkerschule Wr. Neustadt, 1963

RYTIŘ, J.: Rozbor morfologických znaků Baťhovy Vlasty. – Včelařské Rozhledy VII (1929), S. 113–119

RYTIŘ, J.: Včela medonosná, barva a plemenný chov, dědičnost a variabilita. Praha, 1930

RYTIŘ, J.: (Erblichkeit des Cubital-Index bei Nigra-Iskra-Mischlingen). – Český Včelař 70 (1936), S. 13–16

SOOSE, E.: Einfluß der Temperatur auf die Ausgestaltung von Flügelindex und Panzerfarbe der Honigbiene (*Apis mellifica*). – Arch. Bienenkde. 31 (1954), S. 49–66

TOMŠIK, B.: S. Bioklimatické oblasti včelařské Čech a Moravy a zhodnoceni včeliho kmene „Iskry II." – Sbornik Vysoké školy zemědělské v Brně, 1949

TOMŠIK, B.; ŠKROBAL, D.; VESELÝ: (Individuelle Auswahl in der Bienenzucht und ihre Perspektiven). – Sbornik Vysoké školy zemědělské v Brně (1), 1962), S. 77–88

WAHL, O.: Vergleichende Untersuchungen über den Nährwert von Pollen, Hefe, Sojamehl und Trockenmilch für die Honigbiene. – Z. Bienenforsch. 6 (1963), S. 209–280

Anschriften der Verfasser

Dr. RUDOLF BÄHRMANN
Lehr- und Forschungsanstalt für Bienenzucht
654 Tälermühle, Kreis Stadtroda (DDR)

Ing. MICHAŁ GROMISZ
Zakład Pszczelnictwa IS
Skierniewice (Polen)

Ing. VLADIMIR VESELÝ
Výzkumný ústav včelařský v Dole
p. Libčice nad Vltavou (ČSSR)

Buchbesprechung

Kosten kennen — Kosten senken. Berechnung und Beurteilung der Produktionskosten in der Zucht und Nutzviehhaltung. Von Dr. AUGUST PETERS und Dr. KONRAD GEISSENDÖRFER. Verlag Paul Parey, Hamburg und Berlin, 1965, 79 Seiten, kartoniert 8,60 DM.

Mit dieser Schrift wird von den Verfassern das Ziel verfolgt, betriebswirtschaftliche Gesichtspunkte auf dem Gebiet der Ermittlung tierischer Produktionskosten in einer zusammenfassenden Arbeit aufzuzeigen, um sie einem größeren Interessentenkreis zugänglich zu machen. Es werden dazu die Ergebnisse aus einem entsprechenden Arbeitskreis ausgewertet, die jedoch nicht den Abschluß der Untersuchungen bilden und deshalb noch keinen Anspruch auf Vollständigkeit erheben.

In dem ersten Kapitel erfolgen Produktionskostenrechnungen für die wichtigsten Veredlungserzeugnisse Milch, Mastbullen und -kälber, Ferkel, Mastschweine, Junghennen, Eier und Mastgeflügel, wozu jeweils nach Vorbemerkungen die allgemeinen Kosten und Futterkosten sowie die speziellen Produktionskosten Berücksichtigung finden. Die Produktionskosten und die Absatzkosten für Zuchttiere (Zuchthengste und -stuten, Zuchtbullen und -kühe bzw. -rinder, Zuchteber und -sauen) werden in besonderen Kapiteln behandelt. Der Geflügelzüchter wünscht sich für diese Kostenrechnungen verständlicherweise eine Erweiterung auf das Zuchtgeflügel.

Da die Produktionskostenrechnungen unter bestimmten Voraussetzungen vorgenommen wurden, besitzen sie selbstverständlich keine Allgemeingültigkeit, was auch von den Verfassern zum Ausdruck gebracht wird. Bei abweichenden Verhältnissen müssen demzufolge entsprechende Berichtigungen erfolgen. Insbesondere gilt dies für die Ansetzung der jeweils gültigen Preise. Eine weitgehende Ergänzung der absoluten Kosten durch Relativwerte wäre in diesem Zusammenhang sicher vorteilhaft. Im Hinblick auf die Methode für Kostenrechnungen dürfte die Schrift von allgemeinem Interesse sein, eine schematische Anwendung ist jedoch aus den angeführten Gründen nicht möglich. ENGELHARD

www.ingramcontent.com/pod-product-compliance
Lightning Source LLC
LaVergne TN
LVHW042250300926
849161LV00003B/539